3小時

図解 身近にあふれる

「元素」が3時間でわかる本

元素週期表」

>>>>>> 速成班！

從餐桌到外太空，58 個想知道的元素現象

左卷健男、元素学たん——著　蔡婷朱——譯

U0072726

致讀者

　　懂得什麼是元素，我們不僅能了解你我身邊的各種物質，還能深入探究構成宇宙太空的「根本」。

　　當人類學會思考事物的本質後，心中往往會浮現一個最根本的疑問，那就是——包含外太空的這整個世界，究竟是從何而來？接著從這個疑問向外拓展，開始探究構成世界「根本」的元素。經年累月下，我們逐漸得知元素的真面目，其實就是每個元素所對應的原子。

　　本書第一章會先從基本學起，內容包含了元素的真面目，也就是原子如何形成，還會探討彙整所有元素的週期表。第二章則會從大霹靂講到宇宙的形成，以及構成地球的元素。宇宙聽起來或許遙不可及，但我們每一個人其實都是「星星之子」，是由宇宙生成的元素所構成，因此深入思考後，就會發現這些內容與你我息息相關。

　　不僅如此，你我身邊的各種事物也都是由物質所組成。
　　無論是我們的身體、身上穿著的衣物、生存所需的食物，還

是水與空氣，這些全都屬於物質。生活周遭日常可見的金屬、陶瓷器、玻璃及塑膠用品等，也都是各式各樣的物質。

構成上述所有物質的基本成分就是元素，我們甚至可以很簡單地把元素想成是原子的種類。

光是賦予名字的物質種類就遠超過一億種，可是構成這為數龐大物質的元素，目前已知的僅僅118種。儘管元素週期表整理出所有的元素成員，但當中只有90多種是存在於自然界的天然元素。

書中內容雖然有點艱澀，但還請各位從第一章元素的基本開始閱讀。簡單來說，這些都是無數科學家長年投入探究物質，最終得到的智慧結晶。

近期我的元素相關著作，是2019年出版的《面白くて眠れなくなる元素》（暫譯：有趣到睡不著的元素，PHP研究所出版），裡頭依照原子序逐一解說每個元素。

本書則試著改變風格，換個角度探討你我身邊的物質是由什麼元素組成。所以書中並不會依照原子序一個個地解說元素，而是會探索這些物質的元素。

當中不僅分享老祖先在古代是怎麼和元素相遇，也會談到元素在今日是如何讓我們擁有便利且富足的生活。相信這都是大

家很陌生，卻也會感到趣味盎然的話題。

　　為了使本書有別於以往我所撰寫的元素書籍，這次找來了年輕的化學探究者——元素学たん一起合力寫作。我其實從元素学たん在Twitter上的推文學到很多，也幫助我思索怎麼做才能把他對元素的理解認知融入書中，在彼此不斷交換意見下終於完成原稿。回首這一整路的歷程，我非常開心能與元素学たん一起完成這本書。

　　接著，就讓我們一起徜徉在元素世界吧！

2021年4月　左卷健男

第 1 章 　首先來了解元素的基本！

第 2 章 　「宇宙與地球」的元素起源之謎

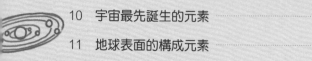

第 3 章　「人類的歷史」是由元素所推動

第 4 章　「社會事件」背後隱身的元素

第 5 章 「廚房餐桌」美味科學的元素

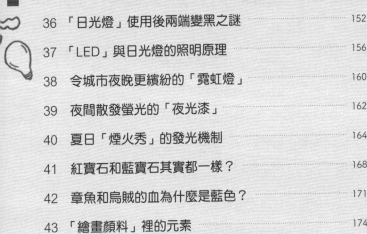

第 8 章　邁向新世代的「先進科技」元素

元素週期表

族\週期	1	2	3	4	5	6	7	8	9
1	1 H 氫								
2	3 Li 鋰	4 Be 鈹							
3	11 Na 鈉	12 Mg 鎂							
4	19 K 鉀	20 Ca 鈣	21 Sc 鈧	22 Ti 鈦	23 V 釩	24 Cr 鉻	25 Mn 錳	26 Fe 鐵	27 Co 鈷
5	37 Rb 銣	38 Sr 鍶	39 Y 釔	40 Zr 鋯	41 Nb 鈮	42 Mo 鉬	43 Tc 鎝	44 Ru 釕	45 Rh 銠
6	55 Cs 銫	56 Ba 鋇	57~71 鑭系元素	72 Hf 鉿	73 Ta 鉭	74 W 鎢	75 Re 錸	76 Os 鋨	77 Ir 銥
7	87 Fr 鍅	88 Ra 鐳	89~103 錒系元素	104 Rf 鑪	105 Db 𨧀	106 Sg 𨭎	107 Bh 𨨏	108 Hs 𨭆	109 Mt 䥑

底色圖例

氣體　液體　固體　形態未知

鑭系元素	57 La 鑭	58 Ce 鈰	59 Pr 鐠	60 Nd 釹	61 Pm 鉕	62 Sm 釤
錒系元素	89 Ac 錒	90 Th 釷	91 Pa 鏷	92 U 鈾	93 Np 錼	94 Pu 鈽

10	11	12	13	14	15	16	17	18
								2 **He** 氦
			5 **B** 硼	6 **C** 碳	7 **N** 氮	8 **O** 氧	9 **F** 氟	10 **Ne** 氖
			13 **Al** 鋁	14 **Si** 矽	15 **P** 磷	16 **S** 硫	17 **Cl** 氯	18 **Ar** 氬
28 **Ni** 鎳	29 **Cu** 銅	30 **Zn** 鋅	31 **Ga** 鎵	32 **Ge** 鍺	33 **As** 砷	34 **Se** 硒	35 **Br** 溴	36 **Kr** 氪
46 **Pd** 鈀	47 **Ag** 銀	48 **Cd** 鎘	49 **In** 銦	50 **Sn** 錫	51 **Sb** 銻	52 **Te** 碲	53 **I** 碘	54 **Xe** 氙
78 **Pt** 鉑	79 **Au** 金	80 **Hg** 汞	81 **Tl** 鉈	82 **Pb** 鉛	83 **Bi** 鉍	84 **Po** 釙	85 **At** 砈	86 **Rn** 氡
110 **Ds** 鐽	111 **Rg** 錀	112 **Cn** 鎶	113 **Nh** 鉨	114 **Fl** 鈇	115 **Mc** 鏌	116 **Lv** 鉝	117 **Ts** 础	118 **Og** 鿫

63 **Eu** 銪	64 **Gd** 釓	65 **Tb** 鋱	66 **Dy** 鏑	67 **Ho** 鈥	68 **Er** 鉺	69 **Tm** 銩	70 **Yb** 鐿	71 **Lu** 鑥
95 **Am** 鋂	96 **Cm** 鋦	97 **Bk** 鉳	98 **Cf** 鉲	99 **Es** 鑀	100 **Fm** 鐨	101 **Md** 鍆	102 **No** 鍩	103 **Lr** 鐒

第 1 章

首先來了解
元素的基本！

01 萬千元素其實源自「水」?

人們自古就一直在思索萬物的「最小單位」究竟為何,這個問題的答案正是元素。先讓我們來看看古希臘哲人是怎麼探索與解讀世界。

■ 萬物最小的「單位」究竟是什麼?

距今兩千多年前,古希臘的哲學家對於這個世界是怎麼形成,以及構成萬物的「單位」為何提出了疑問。

他們認為,世界萬物是由一種或數種「單位」,也就是元素所組成。

古希臘七賢之一的哲學家——泰利斯[*1]提到,**水即是元素,萬物皆源自水,且最終也會回到水的狀態**。

泰利斯認為,「萬物之形天差地遠,卻都是由同一根本物質(元素)構成,此物質既不會增加,也不會減少(不生不滅),只會改變形態,並以自然現象呈現,這個根本物質就是水」[*2]。

後來,同為哲學家的恩培多克勒[*3]更表示,「萬物並非全來自同個元素,而是由多種不同元素組成」,他認為火、空氣、水、土是萬物起源的元素,並提出「**四元素說**」。

木頭加熱後會變**火**燃燒,形成**空氣**(風),接著產生**水**(濕氣),

[*1]:泰利斯(Thales),古希臘哲學家(西元前624-546年左右),為目前所知最古老的哲學家,有「科學和哲學之祖」的稱號。從水追求萬物原理,認為一切事物皆源於水。

[*2]:泰利斯口中的元素「水」,並不是指我們日常飲用的水。這裡所說的水能在固態、液態、氣態間變化,不斷改變形態,最後又會回到最初的形態。

最後剩下土（灰）。從結果來看，木頭可以拆解成火、空氣、水、土四種成分。

■ 原子與原子論

當時，還有另一群人提出萬物是由粒子所組成的想法，並認為「原子會在空無一物的空間（真空）時而結合，時而散開，呈現出充滿激烈動態的世界」。

他們表示，形成萬物的「根本」為無數的粒子，這一顆顆的粒子不會損毀，於是從希臘語「不可分割」（ἄτομος，轉寫為atomos）之意，命名為「**atom**」（原子）。

這群希臘哲人認為「萬物是由原子搭配組合而成，就連火、空氣、水、土也不例外」，而這種萬物由原子組成的論述，又稱為「原子論」。

■ 亞里斯多德與四元素

隨後，**亞里斯多德**[4]提出，物質是由「火、空氣、水、土」這四種基本元素組成，**並且能夠不斷往下細分**的看法。同時，上述這四種元素又可分成「**冷、熱**」、「**乾、濕**」兩組對立的性質，萬物皆由這些性質搭配組成。

以鍋子煮水為例，水倒入鍋中以火加熱時，火特性之一的

---

[3]：恩培多克勒（Empedocles），古希臘哲學家（西元前490-430年左右）。
[4]：亞里斯多德（Aristotle），古希臘最偉大的哲學家（西元前384-322年），對歐洲的影響長達19世紀之久，他的思想在後世也被基督教吸納融合，甚至被賦予神格化的地位。

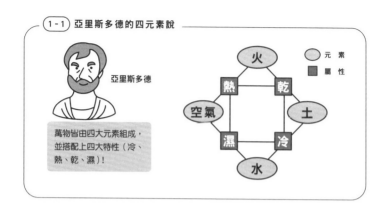

1 - 1　亞里斯多德的四元素說

亞里斯多德

萬物皆由四大元素組成，並搭配上四大特性（冷、熱、乾、濕）！

火　乾　土　冷　水　濕　空氣　熱

○ 元素
■ 屬性

「熱」會與水的特性「濕」一起變成「空氣」飄散，接著水蒸發，火的「乾」與水的「冷」結合後會變成土。於是，原子論逐漸被世人遺忘，由亞里斯多德的四元素說長時間取而代之。

■ 元素的定義

　　十七世紀，英國的**波以耳**[5]更將元素定義為「**無論用什麼方式都再無法細分出成分的物質**」，並透過實驗提出這項定義。

　　從波以耳的定義來看，元素可就不只四種了。其實在波以耳提出主張之後，法國化學家**拉瓦節**[6]在1789年發行的著作《化學要論》中，首度列出當時已知的33種元素。當中雖然夾雜著些許謬誤[7]，但多數是今日也認同的元素。

---

[5]：羅伯特・波以耳（Robert Boyle，1627-1691年）。他發現當溫度一定時，氣體的體積與壓力成反比，據此提出「波以耳定律」，又有「化學之父」的美稱。

[6]：安東萬・拉瓦節（Antoine-Laurent de Lavoisier，1743-1794年）。證實了「質量守恆定律」，在法國革命時遭處刑。

[7]：例如誤將熱量（caloric）、光及石灰等化合物視為元素。

02 原子究竟是什麼？

被遺忘許久的原子論重出江湖，並於19世紀初以道耳吞的原子說
再次登場，元素的概念與原子論論述加以結合。

■ 道耳吞的原子說

1803～1808年，英國的**道耳吞**[1]發表了「物質皆由原子所
組成」的**原子說**，並提出原子相對應的重量，也就是「原子量」
的概念。

原子說是在探討對應到不同元素且具備固有特性的原子。歸
納在同一元素的原子所有表現都相同，換句話說，元素的數量
有多少，就表示原子數量有多少。有關道耳吞的原子說介紹，
請參照下頁的內容。

多虧了道耳吞的原子說以及原子量的概念，原子量在往後的
百年期間，成了各方深入探究的議題。

不僅如此，義大利的**亞佛加厥**[2]更提出了「**分子說**」，認為
「氫、氧等氣體原子都是由兩個相連的分子所組成」，再加上人
們不斷發現新的元素、將元素整理成週期表，以及逐漸了解原
子的內部結構，都讓我們進一步掌握原子究竟是什麼東西。

---

[1]：約翰・道耳吞（John Dalton，1766 - 1844年）。多虧了道耳吞提出的原子說，才讓質量守
　　恆定律和定比定律得以成立。

[2]：阿密迪歐・亞佛加厥（Amedeo Avogadro，1776 - 1856年）。提出「亞佛加厥定律」，認
　　為溫度、壓力相同時，同體積的任何氣體都含有相同數量之分子。

(2-1) 道耳吞的原子說

約翰・道耳吞

- ・所有物質都是由名為原子的小粒子集結組成
- ・原子是已無法再分割的最小粒子＊３
- ・原子不會因為化學反應消失或增加
- ・相同元素的原子質量及大小一樣，不同元素的原子質量及大小相異

(2-2) 原子的特徵

① 原子不能再分割

② 每種原子具有不同的質量與大小

64個氫原子　1個銅原子　鐵　　鐵原子相當於56個氫原子　銅

③ 原子不會因為化學反應變成其他種類的原子，也不會消失或增加

＊３：目前已知這是錯的論述，至今還發現了更小的粒子如原子核、電子，甚至是中子及夸克。

■原子的內部究竟長得如何？

目前已知的元素共有118種。這些元素皆由原子組成，原子的中間會有原子核，周圍則有數個電子*4。周圍的電子數會隨著原子的種類有所不同，例如氫 **H** 有1個電子，氦 **He** 有2個，碳 **C** 有6個，氧 **O** 有8個。

另外，原子核帶正電，電子帶負電，所以整個原子會呈電中性。氫的原子核只有質子，不過一般來說，原子核會由質子和中子（質量幾乎等同質子，但不帶電）組成。換句話說，原子核裡的正電來自質子。

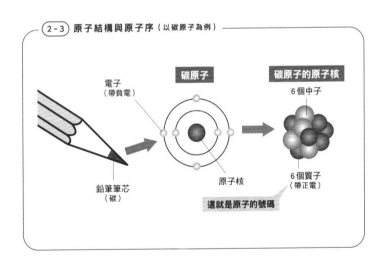

2-3 **原子結構與原子序**（以碳原子為例）

電子
（帶負電）

碳原子

碳原子的原子核

6個中子

鉛筆筆芯
（碳）

原子核

6個質子
（帶正電）

這就是原子的號碼

---

*4：原子的大小差不多是1億分之1公分，中間的原子核更小，只有原子10萬分之1的大小。周圍的電子也很小，以質量來說，大約是氫原子核的1/1800，所以原子核占了原子絕大部分的質量。

03 如何區別不同的原子？

隨著人們逐漸了解原子的結構，也更能掌握什麼才是區別原子時的關鍵。其中又以原子核的質子數最為重要，這個數字名叫原子序。

■ 原子序與質量數

從原子的內部結構來看，中心的原子核所擁有的質子數量會和周圍的電子數量相同，所以能以原子核當中的**質子數來代表原子的種類**。

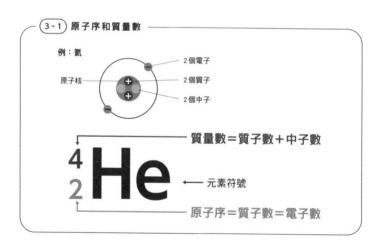

3-1 原子序和質量數

例：氦

2個電子
原子核
2個質子
2個中子

$$^{4}_{2}\text{He}$$

質量數＝質子數＋中子數

元素符號

原子序＝質子數＝電子數

原子帶有的**質子數又可稱作原子序**。像是氦**He**的原子序為2，碳**C**是6，氧**O**是8。

探討原子質量時，會發現電子比質子和中子都來得輕，而且輕很多，所以質量基本上取決於原子核的質子數和中子數，於是會將質子和中子的數量總和稱作「質量數」。

■質子數相同，但中子數不同的同位素

有些元素雖然被歸為相同的一類，但實際上卻具備幾種不同種類的原子核。

同一元素，原子核卻不同，即表示原子核的質子數（＝電子數）一樣，但中子數量不一樣，我們又把這些元素叫作**同位素**。

這裡就以天然存在的鈾**U**為例，鈾共有三種同位素，這些同位素的質子數相同，但中子數不同。質子數雖然都是92個，中子數卻分別為142、143、146個。為了加以區別，會特別加上質量數（質子數＋中子數），稱作**鈾234**、**鈾235**、**鈾238**。同樣地，原子序排名第一的氫**H**，也可以依據中子數分成原子核中有1個質子的**氕**、有1個質子和1個中子的**氘**，以及具備1個質子和2個中子的**氚**。

就算是一般的水，仍夾雜著些許由氘形成的水，這時會以輕水H_2O及重水D_2O做區隔。

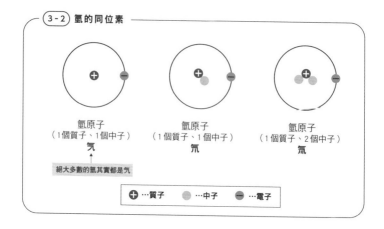

3 - 2　氫的同位素

氫原子
（1個質子、1個中子）
氕

氫原子
（1個質子、1個中子）
氘

氫原子
（1個質子、2個中子）
氚

絕大多數的氫其實都是氕

＋…質子　　●…中子　　－…電子

■什麼是原子量？

在無法確定原子是否真的存在的時代，科學家透過想像力與實驗，定出原子的質量。具體的方法是「先以某個原子的質量視同標準，算出其他原子是該標準原子的幾倍（相對質量）」。利用某個基準比較（相對性）得到的原子質量又稱作**原子量**。

一開始是以最輕的氫原子1作為標準原子，接著換成了氧原子量16為基準，目前（1962年至今）則以「**質量數12的碳原子質量，也就是12為標準**」。

將元素各同位素的相對質量乘以存在比率所求得的平均值，則稱為元素的原子量。原子量為相對質量，不具單位，並且會取決於每個不同的元素。舉例來說，天然存在的銅是由69.2%

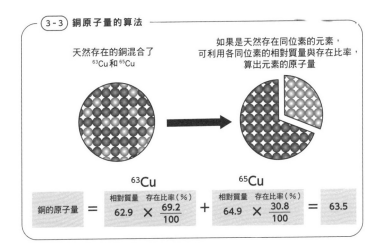

3-3 銅原子量的算法

天然存在的銅混合了 ^{63}Cu 和 ^{65}Cu

如果是天然存在同位素的元素，可利用各同位素的相對質量與存在比率，算出元素的原子量

^{63}Cu　　　　^{65}Cu

$$\text{銅的原子量} = \underset{\text{相對質量}}{62.9} \times \frac{\underset{\text{存在比率(％)}}{69.2}}{100} + \underset{\text{相對質量}}{64.9} \times \frac{\underset{\text{存在比率(％)}}{30.8}}{100} = 63.5$$

的 ^{63}Cu（相對質量 62.9）和 30.8% 的 ^{65}Cu（相對質量 64.9）混合而成，利用上面的方式就能算出銅的原子量為 63.5。

■ 穩定同位素與放射性同位素

同位素又可分成不具放射性的穩定同位素，以及帶有放射能的放射性同位素。

所謂**放射能，是指釋出放射線的性質或能力**。以碳為例，自然界中存在碳12、碳13、碳14三種同位素[1]。其中的碳12、碳13是**穩定同位素**，碳14則是**放射性同位素**。放射性同位素會在釋出放射線的過程中，自然地轉變成不同的原子核[2]。

---

[1]：存在比率分別是碳12（^{12}C）：98.93%、碳13（^{13}C）：1.07%，碳14（^{14}C）則相當微量。

[2]：放射線主要包含了 α 射線（2個質子和2個中子緊密結合而成的粒子束）、β 射線（從原子核發射出的電子束）、γ 射線（高能量電磁波）。

04 元素與化合物大不相同

「鈣究竟是個怎樣的東西?」⋯⋯回答這個問題的時候,答案會跟著解讀的方式有所改變。如果是在問顏色,那麼會有人回答「白色」,也會有人回答「銀色」。

■ 元素與化合物

物質大抵上可分成「純物質」和「混合物」。

純物質包含了元素及化合物。氫 $[H_2]$、氧 $[O_2]$ 只由一種元素組

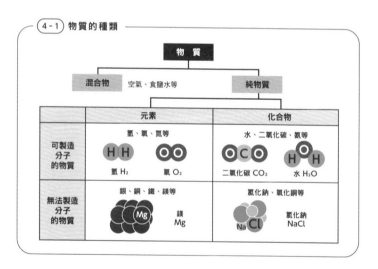

4-1 物質的種類

物質

混合物 空氣、食鹽水等   純物質

	元素	化合物
可製造分子的物質	氫、氧、氮等 氫 H_2　氧 O_2	水、二氧化碳、氨等 二氧化碳 CO_2　水 H_2O
無法製造分子的物質	銀、銅、鐵、鎂等 鎂 Mg	氯化鈉、氧化銅等 氯化鈉 NaCl

成的純物質稱作「**元素**」，如果是水這類**含兩種以上元素的純物質**則稱作「**化合物**」。

　　水經過電解後，可分解成氫和氧，而化合物也能分解成其他物質。然而，元素無法分解，若以構成物質的原子來看，元素是由單一種類的原子組成，化合物則集結兩種以上的原子。

■ 同位素

　　鑽石和石墨都是單純由碳 **C** 組成的元素，但兩者的性質不同。

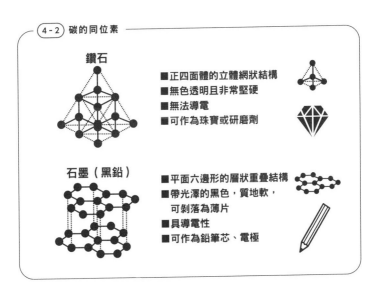

4-2 碳的同位素

鑽石
- ■ 正四面體的立體網狀結構
- ■ 無色透明且非常堅硬
- ■ 無法導電
- ■ 可作為珠寶或研磨劑

石墨（黑鉛）
- ■ 平面六邊形的層狀重疊結構
- ■ 帶光澤的黑色，質地軟，可剝落為薄片
- ■ 具導電性
- ■ 可作為鉛筆芯、電極

鑽石又硬又透明，無法導電。石墨則是黑色且帶光澤，導電性極佳。

即便是由相同元素組成，仍有可能存在性質相異的元素，而這些元素就是彼此的**同位素**[*1]。

■「鈣」和「銀」是化合物

就算元素名稱相同，有時可能指元素，有時則是指化合物。

讓我們來思考「小魚富含大量的鈣」這句話。小魚可以連骨頭一起吃下肚，代表著我們能攝取到骨頭成分的鈣元素。

元素的鈣Ca是金屬，顏色為銀色。不過，元素的鈣其實很敏感，遇到水的時候會出現劇烈化學反應，產生氫氣並隨之溶解，所以**鈣無法以元素形態存在於自然界。**

這麼說來，骨頭就不會是元素的鈣囉？

鈣　　　磷　　　氧

[*1]：碳的同位素還包含了狀似足球的富勒烯（Fullerene）、管狀的奈米碳管（Carbon Nanotube；CNT）。氧的同位素則有氧氣O_2及臭氧O_3。參照「58 人類自古利用的元素及其未來」。

其實，**骨頭是鈣與磷P、氧的化合物**（磷酸鈣）。因為最主要的是鈣，所以一般都會說骨頭由「鈣」組成。

鋇**Ba**也一樣。「做胃鏡檢查時會喝鋇劑」，如果這裡是指單一元素的鋇，那麼會是銀色的金屬，跟鈣一樣遇水也會產生氫氣並溶解，身體吸收後還會產生毒性。

然而，做胃鏡時喝下的「鋇劑」其實是**硫酸鋇**。硫酸鋇為白色，不溶於水。因為不溶於水的緣故，硫酸鋇粉末與水混合就會變乳濁液（emulsion），再加上不易被人體吸收，所以能作為X光檢查的顯影劑使用[2]。由於硫酸鋇的主要元素為鋇，因此簡稱為「鋇劑」。

這時就會發現，我們在討論元素的時候還蠻模稜兩可的。

舉例來說，「氧」是指元素的氧？還是為了與臭氧區隔的元素甲質氧？或者是氧分子？但也有可能是氧原子。這時只能從文章推敲究竟是在說哪個「氧」。

(4-3) O_2和O_3都是氧的同位素

氧原子 O   氧分子 O_2 臭氧 O_3

---

[2]：硫酸鋇除外的其他鋇化合物幾乎都帶有強毒。

05 週期表的架構和尚未發現的元素

> 隨著新發現的元素種類不斷增加，人們開始思考，原子量與元素間應該存在著某種關係，於是提出了元素的週期表。

■ 將元素做系統彙整的門得列夫

隨著發現的元素種類愈來愈多，科學家們也開始思考，或許可以用元素的性質來分門別類。

而**門得列夫**[1]就是那其中一人。他認為，當時已發現的63種元素必須做系統性的彙整[2]。

於是，門得列夫在每張卡片分別記錄下一種元素，包含了元素名稱、原子量及化學性質，並嘗試按原子量的各種特性做不同的排列，最後彙整出一張表格（週期表），裡頭是把化學性質相似的元素縱向排列。

門得列夫在發表的論文當中，從左上開始，依原子量的多寡縱向排列，橫向則列出了化學性質相似的元素。

門得列夫

---

*1：門得列夫（Dmitri Ivanovich Mendeleev，1834 - 1907年）。俄羅斯化學家，原子序101號的元素鍆Md就是以門得列夫的名字來命名。
*2：門得列夫當時32歲，是名大學教授。

他所提出的週期表有個很棒的地方，那就是排序欄位如果不存在符合的元素，會先直接保留空格（門得列夫認為，空格照理說會存在尚未發現的元素，甚至預期了該元素所具備的原子量及性質）。

門得列夫還提到另一個規則，那就是探討每個原子要與其他原子相互結合的數目（又稱價數或原子價）時，橫列會全部一致，縱列由上而下時會是1、2、3、4、3、2、1，呈規則變化。

不過，門得列夫的週期表還是有許多例外，所以並未立刻獲得認可。但是只要發現新元素，都能驗證他預言的正確性，最後終於成為任誰都非常信賴的週期表。

舉例來說，當時尚未發現性質表現應該位於矽 Si 之下的元素，不過門得列夫就暫時把那個未知的元素稱作「擬矽」（eka-

5-1 門得列夫預言了「擬矽」的存在

	擬矽 Es	鍺 Ge
原子量	72	72.64
密度（g/cm^3）	5.5	5.32
熔點（℃）	高	973
氧化物	EsO_2	GeO_2
氯化物	$EsCl_2$	$GeCl_2$

鍺的現身讓門得列夫的預言成真！

silicon），後來也真的發現元素性質相符的**鍺 Ge**。

■ 週期表的架構

自門得列夫的時代開始，週期表的呈現方式不斷經過改良，變成目前依原子序（原子核的質子數）排列元素，而不是根據原子量排序的形態。兩種方式基本上大同小異，但以原子量排序的話，某些部分可能會出現顛倒的情況。

這些元素中，天然存在且原子序最大的元素是**排序為92的鈾 U**。原子序93以上的元素，還有原子序43的鎝 **Tc** 以及61的鉕 **Pm** 不存在於自然界，必須透過人工才能合成＊3。

週期表中，位於同一縱列的元素群又可歸類為**族**（Group）。週期表由左而右分別為第一族、第二族⋯⋯，總共有十八族。同一族的元素又稱作**同族元素**。

週期表的橫列名為**週期**。週期表由上而下分別是第一週期、第二週期，全部有七個週期。

週期表中，第一族、第二族以及第十二到第十八族的元素名為**典型元素**，第三到第十一族為**過渡元素**＊4。典型元素可分成金屬元素與非金屬元素，過渡元素則都是金屬元素。

比較同一族的元素時，會發現成員彼此極為相似。以第一族元素為例，當中皆是由單一元素構成、反應強烈且非常輕的金

＊3：現在仍持續合成出新的元素。
＊4：原子最外層的電子數不是1就是2，幾乎沒有變化，所以週期表左右相鄰的元素多半會具備相似特質。有時也會將12族併入過渡元素。

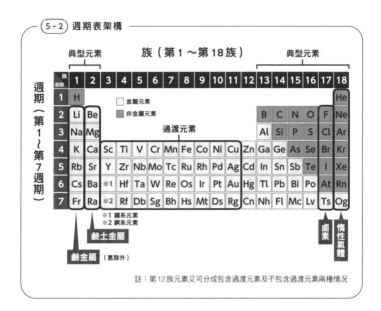

(5-2) 週期表架構

屬，皆屬於**金屬元素**。

第十八族又名為**惰性氣體**（稀有氣體），為單一元素且化學表現穩定的氣體，同時也是**非金屬元素**。

■ 第一族元素（氫 H 除外）：鹼金屬

氫**H**除外的第一族元素都可稱為鹼金屬。

鹼金屬的元素皆屬輕金屬，常溫下就會與水反應產生氫，其水溶液為**強鹼性**[*5]。

[*5]：$2Na[鈉] + 2H_2O[水] \rightarrow H_2[氫] + 2NaOH[氫氧化鈉]$

■ 第二族元素：鹼土金屬

第二族元素又可稱作鹼土金屬。

在過去，鹼土金屬並不包含鈹 **Be** 和鎂 **Mg**，但目前整個第二族皆屬於鹼土金屬。

鹼土金屬都是輕金屬，常溫下會與水反應產生氫，形成的氫氧化物水溶液會帶**鹼性**＊6。鈹和鎂的氫氧化物呈弱鹼性，鎂之下的元素氫氧化物則為強鹼性。

■ 第十七族元素：鹵素

氟 **F**、氯 **Cl**、溴 **Br**、碘 **I** 等元素又名為鹵素。之所以稱作鹵素「halogen」，是因為這些元素與金屬結合後容易變成鹽，因此用希臘文的 halo（鹽）和 gennan（形成）組合表示。

鹵素由雙原子分子組成，活性高，能與大多數的元素直接起作用，產生氯化物等鹵化物。

無論是哪一種鹵素元素，在單一元素的狀態下皆具有毒性。 氯是一種帶刺激氣味的黃綠色氣體，不僅能用在自來水殺菌、漂白，還可以製造出各種不同的化合物。氯可做成鹽酸、次氯酸鈉等無機化合物，同時也是農藥、醫藥品、聚氯乙烯等有機氯化物的製造原料。

＊6：Ca［鈣］＋$2H_2O$［水］→H_2［氫］＋$Ca(OH)_2$［氫氧化鈣］

■第十八族元素：惰性氣體

填入第十八族的惰性氣體後，就能完成整張週期表。

1894年，人們首度發現惰性氣體——**氬Ar**。空氣中雖然含有近1%的氬，但它不太會和其他物質起反應，所以很難察覺氬的存在[7]。也因為這個元素「不太活躍」的特性，便以希臘文「懶惰者」（argon）命名，稱作氬。對於發現惰性氣體貢獻良多的英國人拉姆齊[8]以及瑞利[9]更在1904年分別獲得了諾貝爾化學獎和物理獎。

氦He在北美地區的天然碳氫氣體中含量偏多，大約可達7～8％。氦是繼氫之後第二輕的元素，再加上不燃的特性表現，常被用來填充氣球。

說到氣體狀態的物質，基本上其原子都會結合至少2個分子。但是惰性氣體不會和其他原子結合，總是以單一原子的狀態存在，屬於**單原子分子**。

惰性氣體的熔點和沸點都很低，原子量愈小的元素愈低。化學活性極低，所以又被稱作**非活性氣體**。

然而，**氙Xe**卻能與陰極表現強勢（很會搶電子的意思）的氟F起作用，產生氙化合物。另外也有氪**Kr**化合物或氡**Rn**化合物。

至於其餘的氬、氖**Ne**、氦，以目前研究情形來看，尚無法形成化合物。

---

[7]：空氣的1.4倍重，無色、無味、無臭的單原子氣體。

[8]：威廉・拉姆齊（William Ramsay，1852-1916年）。

[9]：約翰・威廉・斯特拉特，第三代瑞利男爵（John William Strutt, 3rd Baron Rayleigh，1842-1919年），多半被稱為瑞利男爵。

週期表列出的118種元素大致上可分為金屬元素與非金屬元素。
單純由金屬元素所構成的金屬有三項特徵。

■ 單純由金屬元素所構成的物質

118種元素中，金屬元素的占比超過八成。

大量的金屬元素原子集結後，就會形成名為「金屬」的物質。

以元素來說，除了金屬水銀 **Hg** 在常溫下是液體外，其餘金屬的元素狀態都是固體。

金屬還有以下三大特徵。

① 帶金屬光澤（銀色或金色等獨特亮澤）

② 具有高導電性與導熱性

③ 具延展性，可以拉成細線、打成薄片

也因為這些鮮明的特徵，我們只要看了就會知道「這應該是金屬吧」。

金屬遇光幾乎都會反射，所以才會有金屬光澤。

1 帶金屬光澤

2 高導電性與導熱性

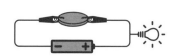

3 具延展性，可以拉成細線、打成薄片

> **ex.** 1g的金可以拉成 3km 的細線。
> 還可以打薄成 1㎡的金箔。

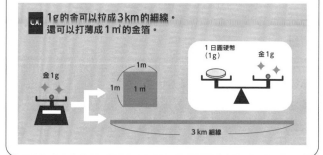

鈣**Ca**、鋇**Ba**也是金屬元素，而它們的元素狀態就是帶金屬光澤的銀色金屬。

　　如果不確定究竟是不是金屬，還可以用另外兩個特性確認。第二個特徵可以透過電池和小燈泡製作的簡單裝置來驗證。接著可以敲打觀察對象物會不會粉碎，以確認第三個特徵。

　　金屬元素還有一個特性，那就是把兩種以上的金屬、碳**C**、矽**Si**混合並加熱的話，將會均勻融合，形成**合金**。

　　只要成分調配得宜，甚至能打造出**特性比原成分金屬更具優**

(6 - 2) **各種合金**

白K金（White Gold）

▶ **18K金** …… 黃金：75.0%，鎳或鈀：25.0%的合金
▶ **14K金** …… 黃金：58.33%，剩餘的41.66%為鎳、鈀、銅、鋅的合金

白銅 …… 含有銅及10～30%鎳的合金

青銅 …… 銅：60～65%，鋅：25～30%，鉛：5～10%，錫：5～10%的合金

黃銅 …… 銅：60～70%，鋅：30～40%的合金

不鏽鋼 …… 鉻含量達10.5%以上的鐵合金

硬鋁（duralumin） …… 鋁、銅、鎂合金

錫焊料 …… 會做成錫60%、鉛40%的活性松香助焊劑

勢的合金。

金屬的應用歷史，基本取決於從礦石中挖出金屬的難易度。雖然有直接就是以金屬狀態產出的金、銀、銅，但絕大多數的金屬都是以**氧化物**[*1]、**硫化物**[*2]的形態被挖出。當這些化合物的結合度愈高，從挖掘金屬的難度也會愈高。**金 Au**、**銀 Ag**、**銅 Cu**，還有**鐵 Fe**自古就為人所知，接著是**鉛 Pb**、**錫 Sn**，再往下則是**鋅 Zn**，到了近代，人們更學會了從礦石中開採**鋁 Al**，由此順序也能看出金屬結合力的強弱。

■金屬的離子化傾向

金屬元素有個特性，那就是遇水或水溶液時，會將電子往外丟，讓自己呈陽離子狀態的傾向，我們會將這個表現的強烈程度順序稱作金屬的離子化傾向（onization tendency）。

以人們自古熟知的金屬來說，**離子化傾向會相對較小或非常小，也就是不易變成金屬離子。**

金屬變成離子後會形成陽離子，陽離子會和陰離子一起構成化合物。當金屬的離子化傾向較小時，容易以單一元素形態存在；就算是化合物，也較容易從離子形態恢復為原子。

例如鋁這類離子化傾向較大的金屬，經常以鋁離子的形態存在，甚至會和氧離子（氧化物離子）緊密結合，很難單獨取出。

---

*1：氧和其他元素組成的化合物。氧基本上能跟所有元素結合成氧化物。
*2：與硫或是與正電性比硫強的元素結合之化合物的總稱。

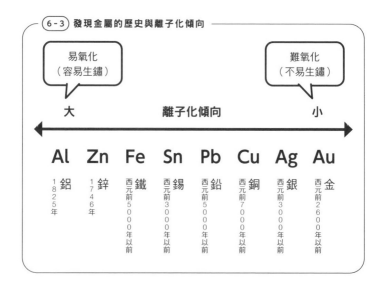

易氧化（容易生鏽）						難氧化（不易生鏽）	
大			離子化傾向				小
Al	Zn	Fe	Sn	Pb	Cu	Ag	Au
鋁 1825年	鋅 1746年	鐵 西元前5000年以前	錫 西元前3000年以前	鉛 西元前5000年以前	銅 西元前7000年以前	銀 西元前3000年以前	金 西元前2600年以前

■ 非金屬元素雖不多，卻構成大部分的物質

非金屬元素中，以碳 **C** 最為重要。我們猜測目前共有數億種的物質，但其實絕大多數的物質主要都是**由碳組成的化合物**（有機物）[3]。也就是說，**物質基本上都是由非金屬元素所組成**。

氧氣 $[O_2]$ 的活性高，能和許多元素化合，形成氧化物。地球大氣中約有21%的氧氣，大多數的生物會將空氣中的氧氣或溶於水的氧氣吸收至體內，以維持生命活動[4]。

我們為了預防食物氧化或零食發霉，會放入乾燥劑。其實乾

---

[3]：不過還是有把含碳的物質稱為「有機物」、除此之外的物質稱為「無機物」的例外情況。

[4]：氧元素 [O] 在海中與岩石中會分別以水 $[H_2O]$ 和二氧化矽 $[SiO_2]$ 等化合物的形態存在，是地球表面存在比例最高的元素。

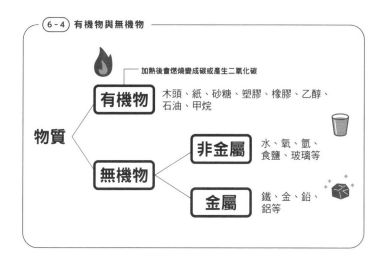

(6-4) 有機物與無機物

物質

有機物 — 加熱後會燃燒變成碳或產生二氧化碳
木頭、紙、砂糖、塑膠、橡膠、乙醇、石油、甲烷

無機物
非金屬 水、氧、氫、食鹽、玻璃等
金屬 鐵、金、鉛、鋁等

燥劑的成分是細緻的鐵粉，能與氧結合，吸掉包裝袋內空氣的氧，預防氧化造成的變質。

許多的非金屬元素往往會結合成分子，在固體狀態下，分子還會形成結晶，常溫條件下，氫 **H**、氮 **N**、氧 **O**、氟 **F**、氯 **Cl** 為氣體，溴 **Br** 為液體，碘 **I**、磷 **P**、硫 **S** 等則會是固體。碳與矽 **Si** 是由高分子所組成的結晶，熔點高。

惰性氣體的元素在常溫下為氣體，並以單原子分子（直接由一個原子構成的分子）的形態存在。

07 惰性氣體的電子組態與化學結合

在為數眾多的元素中，化學表現最穩定的就屬惰性氣體了。接著就讓我們來了解一下惰性氣體的電子組態、原子之間和離子之間的結合。

■電子殼層與電子組態

電子殼層（electron shell）從最接近原子核的內層向外依序為K殼層、L殼層、M殼層、N殼層……，能進入每一電子殼層的電子數則有所限制（K、L、M、N殼層分別為2、8、18、32個）。

原子的電子數量與原子序的數字相同，而這些電子會由內向

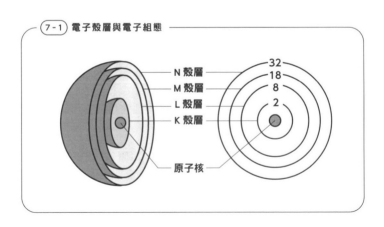

(7-1) 電子殼層與電子組態

N殼層 ——— 32
M殼層 ——— 18
L殼層 ——— 8
K殼層 ——— 2

原子核

外依序存在於殼層中。舉例來說，原子序為3的鋰原子帶有三個電子，其中兩個電子位於K殼層。K殼層最多只能存在兩個電子，所以第三個電子位在往外一層的L殼層。

電子在電子殼層的排序稱作**電子組態**，帶有電子的最外側電子殼層名叫**最外層**。最外層的電子數在原子變成離子或是與其他原子結合時，扮演著非常重要的角色[*1]。

■惰性氣體原子的電子組態

觀察氦**He**、氖**Ne**、氬**Ar**、氪**Kr**這些很難形成化合物的**惰性氣體**時，針對原子的電子組態部分，會發現氦的最外層電子為2個，氖、氬、氪則是8個。

由此可知，原子的電子組態有可能像氦或氖一樣，**最外層充滿電子**，也有可能像氬和氖一樣，**最外層的電子數為8個**，這時就會呈現穩定狀態，變得很難與其他原子結合。

另外，惰性氣體還有幾個特性，例如在元素的形態下，其熔點和沸點都很低，常溫下皆為氣體。化學活性極低，不容易形成化合物。

■典型元素的電子組態與週期表

週期表第一、二、十二、十三、十四、十五、十六、十七、

---

*1：如果是愈內側的電子殼層，電子就會愈穩定，不容易脫離原子，能量則會相對較低（能量愈低，電子愈穩定）。

最外層電子數	1	2	3	4	5	6	7	8
電子組態	(1+) H							(2+) He
電子組態	(3+) Li	(4+) Be	(5+) B	(6+) C	(7+) N	(8+) O	(9+) F	(10+) Ne
電子組態	(11+) Na	(12+) Mg	(13+) Al	(14+) Si	(15+) P	(16+) S	(17+) Cl	(18+) Ar

模式圖中的同心圓由內向外分別為 K 殼層、L 殼層、M 殼層

元素	電子殼層			
	K 殼層	L 殼層	M 殼層	N 殼層
$_2$He	2			
$_{10}$Ne	2	8		
$_{18}$Ar	2	8	8	
$_{36}$Kr	2	8	18	8

■ 中的數字是指最外層的電子數

十八族的**典型元素**中，只要是縱向的同族元素，原子最外層的電子數就會相同，同時具備相似的化學特性。

第一族的鹼金屬（氫除外）如果失去唯一一個最外層電子，就會變成1價陽離子，這時電子組態將與第十八族的惰性氣體相同。

第二族的鹼土金屬最外層電子有兩個，失去這些電子的話會變成2價陽離子，電子組態也與惰性氣體相同。

第十七族的鹵素最外層電子有七個，獲得一個電子後，就會變成1價陰離子。

■ 離子的結合

離子是指帶有正電或負電的原子或原子集團（原子團）。

原子是由帶正電的原子核與帶負電的電子所組成。原子或原子團的正負電荷數相同，所以整體來說原子的電荷表現會正負抵銷，也就是中性。

一旦中性的原子或原子團失去帶負電的電子，正電荷數就會大於負電荷數，變成**陽離子**；反觀，原子獲得電子的話，正電荷數會小於負電荷數，變成**陰離子**。

舉例來說，如果鈉原子**Na**失去一個最外層電子（把電子傳給需要的對象）會變成**鈉離子**。氯原子**Cl**的最外殼層獲得一個電子（從

想要釋出電子的對象得到電子）時，則會變成**氯離子***2。

陽離子和陰離子在電性上會互相吸引，結合成**離子鍵**，接著形成**離子晶體**（例如氯化鈉就是鈉離子和氯離子結合成的離子晶體）。

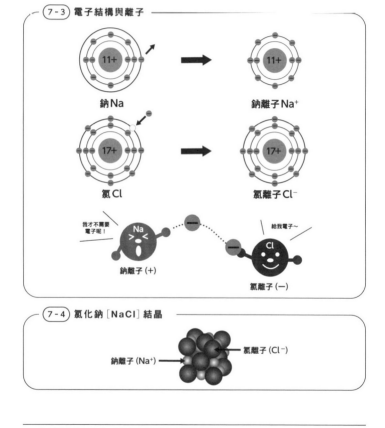

(7-3) **電子結構與離子**

鈉 Na

鈉離子 Na⁺

氯 Cl

氯離子 Cl⁻

我才不需要
電子呢！

給我電子～

Na

Cl

鈉離子 (+)

氯離子 (一)

(7-4) **氯化鈉[NaCl]結晶**

鈉離子 (Na⁺)

氯離子 (Cl⁻)

---

*2：離子的命名方式，是在元素名後面加上離子兩個字。

■分子與共價鍵

氧 **O**、氮 **N** 這類元素，以及水、二氧化碳等化合物的結構，基本上會是數個原子結合在一起的集團，又稱作**分子**。

一個碳原子 **C** 和兩個氧原子會結合成二氧化碳分子，**二氧化碳分子**又會構成二氧化碳。水則是一個氧原子和兩個氫原子 **H** 結合成水分子後，再集結水分子所構成。這時，原子們會釋出電子彼此共享，並形成和惰性氣體相同電子組態的**共價鍵**。這裡就讓我們用最簡單的氫分子來了解共價鍵。氫原子的K殼層有一個電子，兩個氫原子相互靠近時，這兩個氫原子就會分別提供一個電子，讓每個氫原子能共享兩個電子[3]。而每個氫原子就會呈現出與氦相似的電子組態。

如果是水分子的話，氧原子未成對的兩個電子[4]，以及來自兩個氫原子的各一個電子會形成共價鍵。所以氫原子的電子組態跟氦一樣，氧原子則和氖一樣。

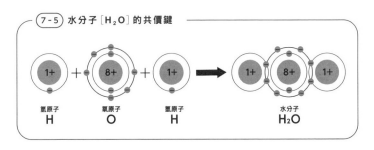

(7 - 5) **水分子 $[H_2O]$ 的共價鍵**

氫原子   H   氧原子   O   氫原子   H   水分子 H_2O

---

[3]：未成對的最外層電子（價電子）共享後所形成的價電子對（共用電子對）。

[4]：氧原子在L殼層的最外層電子有6個。L殼層中，帶有電子的空間則有4個。首先，這4個空間各有1個電子，剩下的2個又分別進入2個空間。空間內的1個電子會與氫原子的電子形成價電子對。

自然界存在的90種元素中，為數三分之二的元素大約是在18世紀後半至19世紀末發現的。進入20世紀後，透過粒子加速器人工合成的元素則開始增加。

■ 古代已知的元素

族 週期	1	2	3	4	5	6	7	8	9	10	11	12	13	14	15	16	17	18
1	H																	He
2	Li	Be											B	C	N	O	F	Ne
3	Na	Mg											Al	Si	P	S	Cl	Ar
4	K	Ca	Sc	Ti	V	Cr	Mn	Fe	Co	Ni	Cu	Zn	Ga	Ge	As	Se	Br	Kr
5	Rb	Sr	Y	Zr	Nb	Mo	Tc	Ru	Rh	Pd	Ag	Cd	In	Sn	Sb	Te	I	Xe
6	Cs	Ba	※1	Hf	Ta	W	Re	Os	Ir	Pt	Au	Hg	Tl	Pb	Bi	Po	At	Rn
7	Fr	Ra	※2	Rf	Db	Sg	Bh	Hs	Mt	Ds	Rg	Cn	Nh	Fl	Mc	Lv	Ts	Og

除了碳 **C** 和硫 **S** 之外，其餘皆是金屬，金 **Au**、銀 **Ag**、銅 **Cu**、汞 **Hg** 屬自然金屬，能以元素的形態存在。汞和硫更是煉金術的關鍵元素。

鐵 **Fe** 的話，地球雖然也有從外太空飛來的鐵隕石，但後來人們也學會了從鐵礦及鐵砂中取得鐵。

■ 17 世紀以前發現的元素

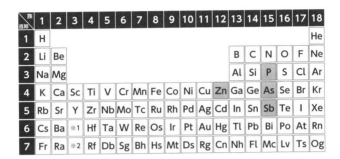

　　說到磷 **P**，要先聊聊煉金術師布蘭德（Hennig Brand）在 1669 年加熱提煉人類尿液的時候得到了黃色塊狀物。這東西夜晚會發青光，稍微加熱就飄出白煙，接著冒出紅色火焰並開始燃燒，於是發現了黃磷（白磷）的存在。

■ 18 世紀以前發現的元素

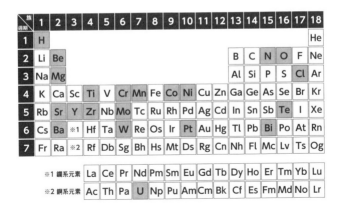

■ 19世紀以前發現的元素

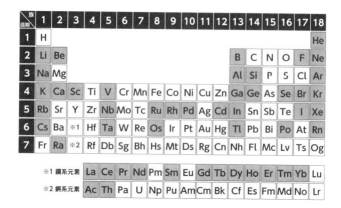

※1 鑭系元素
※2 錒系元素

隨著透過電解將化合物分離成元素、化學分析檢測技術的提升，以及發現新礦物，人們找到了更多的元素。

像是英國的**戴維**（Humphry Davy，1778-1829年）就藉由伏打電池的電解作用，發現了許多新元素。鉀**K**是在1807年電解氫氧化鉀水溶液時發現的，鈉**Na**則是電解氫氧化鈉水溶液時分離出的元素，戴維更在1808年發現鈣**Ca**。

■ 20世紀以前發現的元素

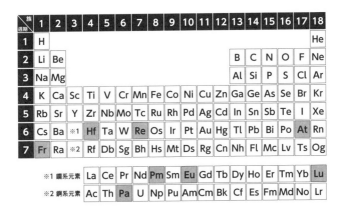

以上就是關於**90種存在於自然界的元素**。到了二十世紀，我們透過粒子加速器人工合成出許多的元素，這裡就不作贅述。

09 元素也能夠人工製造嗎？

使用能讓電子和質子這些粒子速度加快到接近光速，形成高能量狀態的「粒子加速器」，接著讓加速的粒子撞擊原子，使原子發生變化，人工元素也就此問世。

■ 亞洲首見的人工元素「鉨」

當IUPAC（國際純化學暨應用化學聯合會）認定新元素的存在，就會賦予發現者命名的權利。

第113號元素是在2004年首次被成功合成出來。單純計算的話，只要拿**鋅 Zn**（原子序＝質子數＝30個）的原子核和**鉍 Bi**（原子序＝質子數＝83個）的原子核相碰撞，使原子核融合，就能得到第113號元素。

不過，最大的難關在於原子核非常非常小，只有一兆分之一公分，幾乎不會產生碰撞，即使真的碰撞了，原子核融合的機率也僅有一百兆分之一，根本是微乎其微。

唯一的方法就是用大量的鋅原子核，搭配極快速度持續瞄準碰撞鉍。

此實驗始於2003年9月，研究人員利用加速器將鋅射束加快到十分之一的光速，日以繼夜不斷執行碰撞實驗。終於在

隔年，也就是2004年的7月23日確認到一個合成元素。會用「確認」一詞，是因為研究人員追蹤到這唯一的113號元素在釋放 α 射線的同時，會衰變[*1]成其他元素。接著研究團隊更於隔年的4月2日確認到第二個113號元素。

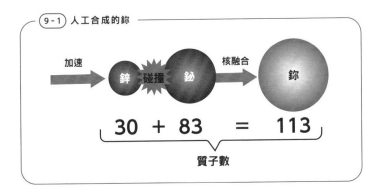

(9-1) 人工合成的鉨

加速 → 鋅 碰撞 鉍 → 核融合 → 鉨

$$30 + 83 = 113$$

質子數

　　日本理化學研究所的人員為了掌握決定性的證據，持續進行實驗，終於在2012年8月12日宣布第三次成功合成出113號元素，而且還是利用不同於過往的新衰變過程。

　　也因為理化學研究所的研究團隊合成出第113號元素，並清楚掌握到該元素是如何衰變成其他已知元素，於是在2015年12月獲得該元素的命名權，並稱作**鉨Nh**，更成了**首次由亞洲國家取得命名權**的新元素。

---

*1：不穩定的原子核釋放放射線，變成其他穩定原子核的現象。

■嘗試製造人工元素

即便原子經歷化學變化與其他原子結合，或是排列組合經過轉變，原子核本身也不會有改變。

天然存在的最後一個元素是原子序92的鈾U，不過原子序在鈾之後的元素也是有列入週期表中。原子序93開始的元素，則是將α粒子、質子、氘、中子等拿去碰撞原子核，藉此撞擊出不同的原子核（會變成超鈾元素）。

原子序43的**鎝Tc**也是人工合成的元素。加州大學的研究人員曾用粒子加速器，在氫原子核裡加入中子使其變成氘，接著用氘照射鉬。原子序42的鉬Mo有42個質子，而研究人員認為，只要鉬的原子核再多1個質子，照理說就能製造出有43個質子，原子序為43的未知物質。

研究學家終於在1937年執行了上述任務。因為這是**人工第一次製造出的元素**，於是引用希臘文「人造」之意，命名為Technetium。

在那之後，人們開始用加速器製造出許多元素。

原子序61的**鉕Pm**以及原子序比92的鈾還要大的元素，幾乎都是不存在於自然界的人工元素，且全都帶有**放射性**[2]。

人們今日仍持續合成出新元素。包含日本國內，目前正在挑戰合成第119和120號元素。

---

[2]：具輻射的意思。就算放置不管也會自己釋出放射線，甚至變成其他原子。

第 **2** 章

「宇宙與地球」的元素起源之謎

10 宇宙最先誕生的元素

約莫138億年前發生了「大霹靂」之後，元素就立刻開始合成。
恆星與超新星爆炸最終也成了元素合成的舞台，我們人類就是源
自當時所誕生的元素。

■一切都從「大霹靂」開始

距今138億年前[*1]，宇宙最開始其實是個小到幾乎看不見，
超高溫、超高密度的火球。這顆火球發生爆炸，並以驚人的速
度膨脹，使空間不斷擴張。此爆炸又名叫**大霹靂**。

宇宙在發生大霹靂後誕生的瞬間，也形成了一種更小，且能
製造質子、中子，名叫**夸克**的基本粒子。夸克時而出現、時而
消失，最後充滿其中。

宇宙誕生0.0001秒後溫度開始下降，夸克聚集形成**質子**與**中
子**，接著形成氫的原子核（1個質子）以及氦的**原子核**（2個質子和
2個中子）。

這些粒子以原子核的狀態大約維持了38億年之久，後來，原
子核開始捕獲環繞在周圍的電子，形成最初的元素，也就是**氫H**
和**氦He**。

在過去，光線會碰撞到飛散的電子，無法直射，所以宇宙一

[*1]：根據美國太空總署（NASA）發射威爾金森微波各向異性探測器（WMAP）的觀測，原本
認為宇宙誕生是在「137億年前」。不過，將2013年3月普朗克太空望遠鏡觀測到的結果
加以解析後，NASA提出宇宙誕生應是138億年前的說法。

直處於覆蓋著一層「電子雲」的狀態，但就在元素形成後，光線終於能夠筆直前進，讓宇宙變透明，我們又稱為**宇宙放晴**。

■ 下一個舞台是如太陽般的「恆星」

宇宙誕生數億年後，溫度也逐漸下降。

第二階段的舞台，則換到了由氫、氦組成，猶如太陽的**恆星**。恆星內部開始**核融合**，使氫變成氦，氫消失後，恆星跟著膨脹，變得巨大。接著氦也出現核融合，形成**碳C**、**氮N**、**氧O**等較重的元素。後來，星體爆炸，使得內部元素釋放到宇宙。這些元素更成了新星體的組成材料，且恆星內部會不斷重複著核融合的過程。

終於，最重星體內的**氧**、**氖Ne**、**矽Si**、**硫S**也開始核融合，並形成了**鐵Fe**。

這時，包含鐵在內，一共誕生了**26種元素**。

■ 最後的舞台「超新星爆炸」

想要合成出**金Au**、**鈾U**這些比鐵重的元素，就不能略過下個步驟。

質量比10倍太陽還大的恆星變成紅超巨星後，會發生**超新星爆炸**，接著四處飛散。而這個超新星爆炸更是第三階段元素合

成相當有利的選項。有了超新星爆炸所產生的能量，就能合成出比鐵重的元素。爆發時，星體內部的元素以及新誕生的重元素會飛散到宇宙。我們所居住的地球，以及你我人類都是由這些飛散的元素所構成。

■ 宇宙的化學元素豐度

宇宙的化學元素豐度，是指宇宙中含有多少比例的元素，可以將來自恆星的光線做光譜分析及隕石分析，求出元素豐度。

以整個宇宙來說，氫的元素豐度最高（71％），接著分別是氦（27％）、氧、氖、碳、氮、矽。宇宙最先誕生的氫和氦兩種元素的合計占比就高達98％[2]。

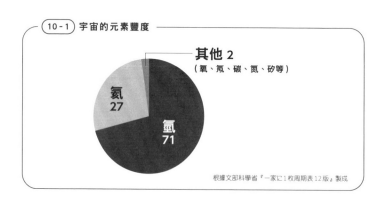

(10-1) 宇宙的元素豐度

其他 2
（氧、氖、碳、氮、矽等）

氦 27

氫 71

根據文部科學省『一家に1枚周期表12版』製成

---

[2]：宇宙裡充滿了看不見的東西（暗能量69％、暗物質26％），這裡所說的元素占比大概不超過整個宇宙的5％。目前認為暗物質應該是某種未知的基本粒子（構成物質形體的最小粒子），但並不清楚具體為何，全世界的學者們還持續探索中。

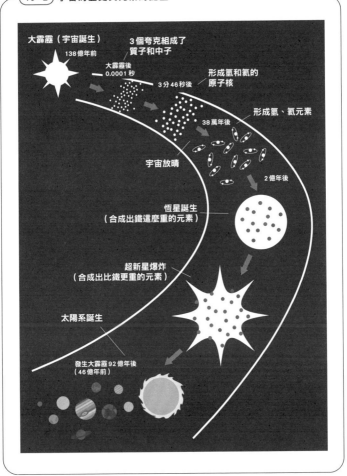

11 地球表面的構成元素

地球大致上可分成地殼、地函、地核三部分。地殼是位於表面的薄層，由岩石組成。裡頭含量最多的元素是氧和矽，加起來就占了四分之三。

■ 地殼是地球表面的薄岩層

地球是顆半徑約6400公里的大球，裡頭感覺就像是和水煮蛋一樣的層狀結構。地球的**地殼**相當於雞蛋「蛋殼」，**地函**是「蛋白」，**地核**就是「蛋黃」。

雞蛋的蛋白質地Q彈，地球的地函也被認為帶有彈性（反彈性

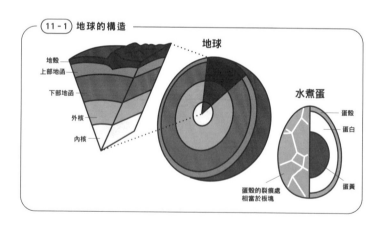

(11 - 1) 地球的構造

地球

地殼
上部地函
下部地函
外核
內核

水煮蛋

蛋殼
蛋白
蛋黃

蛋殼的裂痕處
相當於板塊

質）。不過，水煮蛋和地球還是有不同之處，那就是相當於蛋黃的地核其實可以分成**內核**與**外核**兩層。外核是液體，但地球最中心處的內核是固體狀。從整個地球來看，地殼其實非常薄，真的跟雞蛋蛋殼很像呢。

■ 地震波的傳遞方式決定地殼的厚度

南斯拉夫（今克羅埃西亞）的地震學家莫赫洛維奇（Andrija Mohorovicic）研究1909年發生在巴爾幹半島的地震時，發現地底下的地震波會有不一樣的傳遞方式；而且達某個深度時，地震波速會急遽增加。於是莫赫洛維奇認為，地下的地震波傳遞時，可以分成「慢層」和「快層」。後來更發現不只是巴爾幹半島，整個地球的情況都是這樣。

於是，我們將地震波傳遞速度較慢的地層稱為地殼，波速傳遞較快的地層為地函，至於地殼與地函的邊界則叫作**莫氏不連續面**（簡稱Moho面）。

地殼的厚度會依地點有所不同，這也是地球與水煮蛋的相異之處。雞蛋的蛋殼厚度均勻，地球的地殼厚度卻非常不均，又以大陸及海洋的差異最大，差了10倍之多[*1]。

岩石的種類與結構也是差異很大。大陸地殼上部主要為**花崗岩**，大陸地殼下部及海洋地殼則多半為**玄武岩**。

[*1]：大陸地殼的厚度介於30～50公里，海洋則是薄了許多，為5～10公里左右。

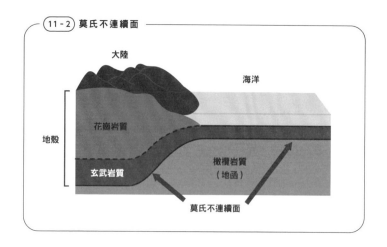

11 - 2 莫氏不連續面

大陸

海洋

地殼

花崗岩質

玄武岩質

橄欖岩質
（地函）

莫氏不連續面

■ 構成地殼的元素

那麼，地殼又是由哪些物質組成的呢？

構成花崗岩的主要物質化學成分以重量百分比（％）來看的話，分別是二氧化矽72.2％、氧化鋁14.6％、氧化鉀4.50％[2]。

玄武岩（深海海底）的話，則分別是二氧化矽50.68％、氧化鋁15.60％、氧化鈣11.44％、氧化鐵（FeO）9.85％、氧化鎂7.69％[3]。

花崗岩及玄武岩成分占比的第一、二名都是二氧化矽與氧化鋁，不過其他物質的多寡排名及重量百分比就有差異。另外，火成岩這種由岩漿構成的岩石也可細分成數個種類。目前會調

---

[2]：其他還有氧化鈉2.90％、氧化鐵2.40％、氧化鈣1.70％、氧化鎂1.00％、氧化鈦0.30％（參照日本國立天文台編著『理科年表』2020年版）。

[3]：其他還有氧化鈉2.66％、氧化鈦1.49％、氧化鉀0.17％、氧化磷0.12％（參照日本國立天文台編著『理科年表』2020年版）。

查、推算地殼中的岩石分布，來推估整個地殼的元素豐度。

構成地殼的元素中，占比排名前幾位的是氧 O、矽 Si、鋁 Al、鐵 Fe、鈣 Ca、鈉 Na、鉀 K、鎂 Mg，光這些元素就占了整體98%*4。尤其是排名第一的氧，約占地殼一半（49.5%重量）。用**氧氣圈**來形容我們居住的地殼真是一點也不為過呢。

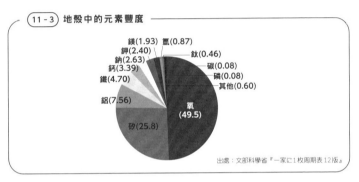

(11-3) **地殼中的元素豐度**

鎂(1.93)　氫(0.87)
鉀(2.40)　　鈦(0.46)
鈉(2.63)　　碳(0.08)
鈣(3.39)　　磷(0.08)
鐵(4.70)　　其他(0.60)
鋁(7.56)
矽(25.8)
氧(49.5)

出處：文部科學省『一家に1枚周期表12版』

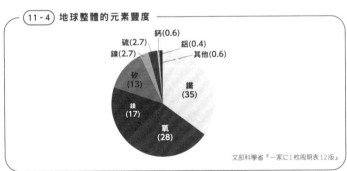

(11-4) **地球整體的元素豐度**

鈣(0.6)
硫(2.7)　　鋁(0.4)
鎳(2.7)　　其他(0.6)
矽(13)　　鐵(35)
鎂(17)
氧(28)

文部科學省『一家に1枚周期表12版』

＊4：數值皆為推估值，會依調查的樣本及手法有所差異。

地球的核心內部長什麼樣？

> 地球中心處的地核以及地函明明就踩在我們腳下，卻是人類尚未
> 到訪的未知世界。不過我們還是能利用很多方法，推測地核和地
> 函是由哪些元素組成。

■ 想要挖個深達地函的洞採集岩石！

地球內部到底長什麼樣呢？

各位或許會想說，只要挖個可以到地球中心的洞不就好了。
真的往下挖的話，剛開始會挖出土，但不久後會抵達岩盤，所
以可不是輕輕鬆鬆就能一路往下挖。

以現有紀錄來說，當年蘇聯在科拉半島挖的深井是目前最深
的洞，即便深達12公里，也還沒抵達地函呢。

不過，如果是探討地函上部物質的話，我們還是稍微掌握到
一些資訊。現階段認為，深度300公里範圍的地函是由**橄欖岩**
所組成[*1]。

另外，2005年7月完工的地球深層探測船「地球號」所執行
的探勘計畫成果也相當值得期待。「地球號」擁有全球最頂尖的
鑽探能力（海底下7,000公尺），建造之初的最主要目標就是挖至
海底極深處，抵達人類未曾到過的地函並採集樣本。非常期待

[*1]：因為一種名為「金伯利岩管」（Kimberlite pipes），也就是由鑽石構成的礦床，我們才有這
項發現。地底200～300 km極深處曾發生過大爆炸，使得岩漿以超快速度竄至地表且隨即
冷卻，形成了含有鑽石原石的「金伯利岩」礦物。

「地球號」能達成人類史上的壯舉。

■ 借助隕石推測地球內部成分

一般認為，以地球為首的太陽系行星，都是透過一種名叫**微行星**[2]的「星體碎片」不斷碰撞、合體聚集而成。不過這是發生在46億年前的事[3]。

有些隕石的成分是岩石，有些是鐵 **Fe**，有些則混合了岩石和鐵。這些隕石成分其實和地球的本質相同，都是微行星。換言之，**構成地球固體部分的元素，和構成太陽系等外太空固體部分的元素是一樣的。**

另外，我們分析了阿波羅11號等探測器從月球帶回的石頭，發現月球過去曾覆蓋一層岩漿。地球剛誕生不久時，也曾因為

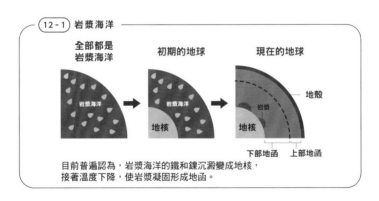

12-1 岩漿海洋

| 全部都是岩漿海洋 | 初期的地球 | 現在的地球 |

地殼
岩漿
地核
下部地函　上部地函

目前普遍認為，岩漿海洋的鐵和鎳沉澱變成地核，
接著溫度下降，使岩漿凝固形成地函。

---

[2]：太陽系形成初期就已存在的微小天體，不同於現在也有的小行星或彗星。
[3]：這個數字是透過墜落地球的隕石做放射性定年求得。

微行星持續碰撞產生能量，形成龐大熱能，使整顆地球被熔化的「**岩漿海洋**」所覆蓋。

■ 藉地震波推估地球內部的模樣

地球很大很大，就算人類又敲又打也不會有什麼變化。不過如果換成「地震」就不一樣了。因為正是我們透過地震波，推估地球其實存在地核。

愈深入地球內部，溫度和壓力也會愈高。地球中心達364萬大氣壓力，溫度為5500℃，是超級高壓高溫的狀態。研究人員在實驗室模擬並調查物質會變成什麼模樣。結果發現沉澱於岩漿海洋底部，像是鐵這類重元素會朝地球中心集結且形成地核。

因此我們推估，地核應該含有大量的鐵、鎳**Ni**，另外還夾帶著硫**S**、氧**O**、氫**H**等輕元素雜質。

地函的成分為二氧化矽44.9％、氧化鎂37.8％、氧化鐵8.05％、氧化鋁4.5％、氧化鈣3.54％等。從數據可以看出，地函的鎂**Mg**含量比地殼豐富。

利用萬有引力定律算出地球質量後，就能以地球的體積求得平均密度。得到的結果為$5.51\,g/cm^3$，這個數字比地殼成分的花崗岩（$2.67\,g/cm^3$）及玄武岩（$2.80\,g/cm^3$）密度要大上一倍。由此便能推估，**地球的地函與地核密度應該比地殼大上許多**。

13 海水的組成與人體很接近？

> 從外太空觀察地球時，會發現地球被蔚藍的海洋及白雲覆蓋，美
> 到閃閃動人。這是因為地球表面有7成的面積都是海洋。舔口海
> 水會發現很鹹，這是為什麼呢？

■ 海水的成分

海水含有許多物質，其中，構成食鹽的**鈉離子**[Na$^+$]和**氯離子**[Cl$^-$]含量更是豐富。一般來說，每公升海水含有32～38公克的多種物質，其中八成就是構成食鹽的鈉離子和氯離子，所以我們舔海水時會覺得很鹹*1。

海水除了氯類物質，其實也夾雜著大氣成分的氧 **O**[O$_2$]、氮 **N**[N$_2$]、二氧化碳[CO$_2$]、氬 **Ar** 等元素。溶於海水裡的氣體當中，又以氧氣和海洋生物的呼吸、有機物的氧化分解、海洋環境裡的氧化還原有關。二氧化碳在藻類等植物的光合作用之下，成為海洋中構成有機物的基礎材料。另外，海中的二氧化碳還會在海面與大氣中的二氧化碳進行交換，藉此調整大氣裡二氧化碳的濃度。

地球雖然約有90種天然存在的元素（原子的種類），不過，包含微量元素，絕大多數的元素都存在於海水中。

---

*1：含量多寡排在鈉離子、氯離子之後的是硫酸根離子與鎂離子。另外，根據計算，如果海水的水分全部蒸發掉的話，海底應該會殘留厚度達數十公尺的鹽。

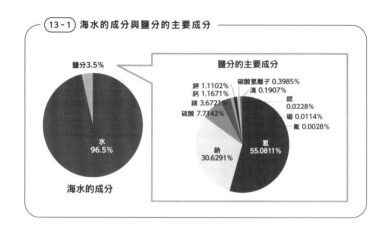

（13-1） **海水的成分與鹽分的主要成分**

鹽分3.5%

鹽分的主要成分

鉀 1.1102%
鈣 1.1671%
鎂 3.6721%
硫酸 7.7142%

碳酸氫離子 0.3985%
溴 0.1907%
鍶 0.0228%
硼 0.0114%
氟 0.0028%

氯 55.0811%

鈉 30.6291%

水 96.5%

海水的成分

■ 海水跟人類的組成成分很像？

生命的誕生，是地球歷史上最大的變化。

首先，海洋裡的氨基酸同類開始對彼此產生反應，逐漸形成類似蛋白質的化合物[2]。類似核酸的分子與類似蛋白質的分子順利結合後，又被包入類油化合物及蛋白質所構成的袋狀微小粒子中。具備自我複製能力的**生命就此誕生**（至少35億年前）。

原始海洋裡最初誕生的生命，是往後包含人類所有生命的最早始祖。既然這樣，我們人類身上留有在海中生活的跡象似乎也很合理。

只要是在海裡誕生的生命，照理說體內應該都帶有當時海水中所含的**礦物質**[3]。

---

[2]：關於生命材料的胺基酸與核鹼基究竟是從何而來，以及怎麼被運往海洋有幾種說法，包含了來自地表、來自海底，甚至是來自地球之外。

[3]：礦物質為無機物，是指氧、碳、氫、氮以外的元素。

右表依含量多寡，彙整出人體、海水、地球表層（地殼）所含的元素。除了磷P以外，人體所含的元素基本上都可見於海水中。如果是比較地球表層與人體，會發現鐵Fe、矽Si這兩個地球表面富含的元素在

(13 - 2) 主要元素豐度

排序	地球（地殼）	海水	生命（人體）
1	氧	氫	氫
2	鐵	氧	氧
3	鎂	氯	碳
4	矽	鈉	氮
5	硫	鎂	鈣
6	鋁	硫	磷
7	鈣	鈣	硫
8	鎳	鉀	鈉
9	鉻	碳	鉀
10	磷	氮	氯

人體內相當稀少。下表則是列出了人類、狗、水母體液成分的數據，從中可以發現，除了同為哺乳類、居住在陸地的狗，就連生活在海中的低等生物水母身體組成也很像海水[*4]。由此便可推論，我們體內還保有海水成分所留下的跡象。

(13 - 3) 海水與體液中離子濃度的相對比較

	Na^+	K^+	Ca^{2+}	Mg^{2+}	Cl^-
海水	100	3.61	3.91	12.1	181
水母	100	5.18	4.13	11.4	186
狗	100	6.62	2.8	0.76	139
人類	100	6.75	3.10	0.70	129

＊將Na^+離子濃度視為100

＊4：鎂離子 $[Mg^{2+}]$ 除外。

14 空氣由哪些元素組成？

有個東西就在你我身旁，離我們非常近，平常不太會注意到它的存在，那就是「空氣」。我們活在世上，無法缺少空氣，那麼，空氣又是由哪些元素組成的呢？

■ 乾空氣的成分多寡依序為氮、氧、氬

所謂空氣，是指圍繞著地球表面，構成大氣層下半部分的氣體，離地表的距離愈遠，空氣就愈稀薄，當距離地表7公里高的時候，空氣只會剩一半。

我們居住的地球被名為大氣的氣體所包覆，裡頭含有各種不同的成分[*1]。

以不含水蒸氣的乾空氣來說，**氮 N** $[N_2]$ 占 78%、**氧 O** $[O_2]$ 約

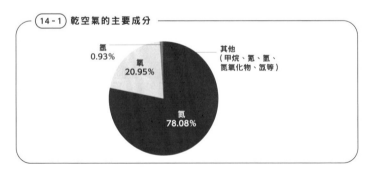

(14-1) 乾空氣的主要成分

氬
0.93%

氧
20.95%

其他
（甲烷、氦、氪、
氮氧化物、氙等）

氮
78.08%

[*1]：從地面算起40公里高的範圍內，氣體成分基本上都很一致。

21％，這兩種氣體就占去絕大部分的體積，其他還包含了1％的**氬Ar**和0.04％左右的二氧化碳[CO_2]。

■ 空氣一定帶有水蒸氣

　　實際上，空氣中一定會夾雜著水蒸氣，但含量並不固定。空氣能帶有多大的水蒸氣量（飽和蒸氣量）取決於氣溫，氣溫愈高，飽和蒸氣量愈大。

　　空氣中的水蒸氣多寡程度，我們會稱作**相對濕度**（天氣預報會直接說濕度）。相對濕度，是指空氣中實際含有的水蒸氣量（1立方公尺中有幾公克，單位即 g/㎥），占了該氣溫條件下飽和蒸氣量的多少百分比[2]。

(14-2) **氣溫與飽和蒸氣量的關係**

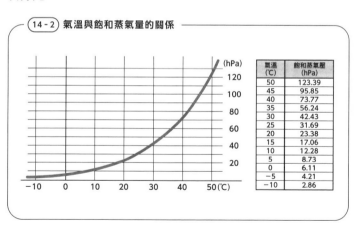

氣溫（℃）	飽和蒸氣壓（hPa）
50	123.39
45	95.85
40	73.77
35	56.24
30	42.43
25	31.69
20	23.38
15	17.06
10	12.28
5	8.73
0	6.11
−5	4.21
−10	2.86

*2：濕度（％）＝ 1㎥空氣中所含水蒸氣量（g/㎥）÷該氣溫條件下的飽和蒸氣量（g/㎥）
　　× 100

乾空氣體積占比前四名的成分中，只有二氧化碳是化合物。如果把水蒸氣 [H_2O] 也算進來的話，空氣中的主要元素就會是氮、氧、氬、氫 **H**，還有碳 **C**。氫存在於水蒸氣的分子中，碳則存在於二氧化碳的分子中。

■ 氧打造出行光合作用的生物

在地球誕生的46億年前，剛形成的地球大氣層不知道什麼原因，被吹到了地球的重力圈之外。接著在火山作用下，地球內部的氣體脫離出地球表面，變成大氣。**當時的大氣幾乎都是二氧化碳，夾帶著些許的氮，氧則是完全不存在**[*3]。

地球逐漸降溫後，大氣中的水蒸氣開始變成降雨，終於形成海洋。二氧化碳則不斷溶入海中，使得**氮**變成大氣中含量最多的氣體。

生物在海中不斷演化，能吸收溶於海中的二氧化碳，釋放氧氣，行**光合作用**的生物也就此誕生，這時大約距今25億年。多虧了這些生物，地球大氣中的**氧**愈變愈多。

地球逐漸上也開始演化出可以呼吸並利用氧氣的生物。隨著大氣中氧氣不斷增加，平流層也跟著形成**臭氧層**，避免有害的紫外線照射地表。就在這一連串的變化下，原本只能在水中生存的生物逐漸踏上陸地，並由能夠行光合作用的生物，製造出

＊3：類似現在的金星大氣層，其中98%為二氧化碳，剩下的則是氬和氮。

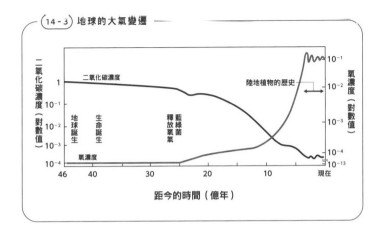

(14-3) 地球的大氣變遷

二氧化碳濃度（對數值）

氧濃度（對數值）

二氧化碳濃度

陸地植物的歷史

地球誕生　生命誕生　釋放氧氣　藍綠菌

氧濃度

10^{-1}
10^{-1}
10^{-2}
10^{-2}
10^{-3}
10^{-3}
10^{-4}
10^{-4}
10^{-13}

46　40　30　20　10　現在

距今的時間（億年）

你我生存所需的氧氣。

■ 空氣中比想像中還多的氬

大氣中所含的**氬**[4]是無色無味的惰性氣體，和其他物質幾乎不起反應。氬在空氣中的占比多達0.93%，不過一般大眾對於這個空氣中所含的氣體卻很陌生。

1894年，英國科學家**拉姆齊**[5]和**瑞利**發現了氬，這也是人類首度發現惰性氣體。

瑞利發現，從大氣中分離出的氮，比氮化合物所得到的氮密度還要大，於是懷疑空氣可能存在其他新元素，並開始和拉姆齊不放棄地反覆實驗，終於發現含量占大氣近1%的氬。

---

[4]：你我熟悉的鎢絲燈和日光燈都含有氬。霓虹燈的氖如果混合少量的氬，就會讓原本的紅色變成閃閃發亮的藍色或綠色。詳細說明參照「36『日光燈』使用後兩端變黑之謎」、「38令城市夜晚更繽紛的『霓虹燈』。

[5]：拉姆齊除了發現氬，還發現空氣中其他惰性氣體，如氖、氪、氙。請參照「05週期表的架構和尚未發現的元素」。

15 植物的組成元素有哪些？

植物和動物有個共通點，那就是皆由細胞構成。動植物同為生物，構成細胞的物質和元素有共通之處，卻也有相異之處。兩者究竟有何不同呢？

■ 植物吸收光合作用產生的養分而成長

植物會經由行光合作用，捕捉並固定大氣中的二氧化碳，利用二氧化碳與水合成出醣類（葡萄糖、澱粉、纖維素等），接著再利用合成的葡萄糖及根部吸收的無機養分，合成出包含脂肪的所有成分，藉此成長茁壯。

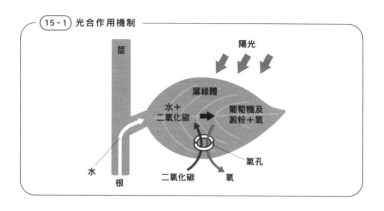

15-1 光合作用機制

莖

陽光

葉綠體

水＋二氧化碳 ➡ 葡萄糖及澱粉＋氧

氣孔

水

根

二氧化碳　氧

■ 生物所含的碳，約有一半是纖維素

動物細胞與植物細胞最關鍵的差異在於有無細胞壁。植物細胞最外層有細胞壁，由纖維素組成，纖維素含量可達植物體乾重的三分之一～二分之一，所以**地球生物所含的碳約有一半是纖維素**[1]。纖維素也是棉、紙的成分，常見於你我生活中。

下面圖表比較玉米（包含根、莖、葉、果實）和人類的組成成分

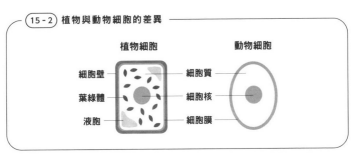

15 - 2　**植物與動物細胞的差異**

植物細胞　　　　　　動物細胞

細胞壁　　細胞質
葉綠體　　細胞核
液胞　　　細胞膜

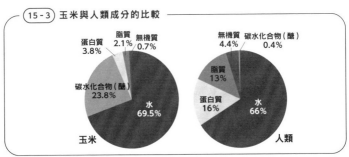

15 - 3　**玉米與人類成分的比較**

蛋白質　脂質　無機質
3.8%　　2.1%　0.7%
碳水化合物（醣）
23.8%
水
69.5%
玉米

無機質　碳水化合物（醣）
4.4%　　0.4%
脂質
13%
蛋白質
16%
水
66%
人類

＊1：每年的生產量可達1000億噸。纖維素的形狀和澱粉一樣，都是由許多葡萄糖串連成的直線結構，但是澱粉與纖維素的葡萄糖分子立體結構不同。

（重量％）。玉米細胞壁中含有大量纖維素，醣分含量極高。

■ 葉綠體中帶有鎂

植物會從葉子的氣孔吸收空氣裡的二氧化碳，作為光合作用的原料。另外，根部則會吸收水分。

負責行光合作用的是葉片細胞中綠色的**葉綠體**。葉綠體含有一種名叫葉綠素的色素。葉綠素則是結構複雜，以**鎂 Mg**為主要成分的高分子。

■ 從根部吸收無機養分

無機養分會先溶於水中，植物連同水從根部吸收至體內。

氮 N是構成蛋白質與核酸的元素，能讓枝葉茂盛。**磷 P**能製造出負責保存、傳遞基因情報的 DNA [2]，讓植物順利開花結果。**鉀 K**則是存在於細胞質中，讓莖葉變得健壯。這些元素在土壤中的含量都略顯不足，因此又稱為肥料三要素。其中，**氮是作物最容易缺乏的元素**，所以才會有那麼多的氮肥產品[3]。

上面的氮、磷、鉀，再加上鎂、鈣 Ca、硫 S，這六種元素不僅是構成植物的主要成分，更有助光合作用，和葉綠素也息息相關。另外，植物還有鐵 Fe、氯 Cl、鋅 Zn、硼 B、錳 Mn、銅 Cu、鉬 Mo 這七種不可或缺的微量元素。

---

[2]：去氧核糖核酸（deoxyribonucleic acid）。

[3]：產量最高的肥料為硫銨（硫酸銨），其他還有尿素、氯銨（氯化銨）。化學肥料多半會結合肥料三要素，製造成植物容易吸收的化合物來販售。

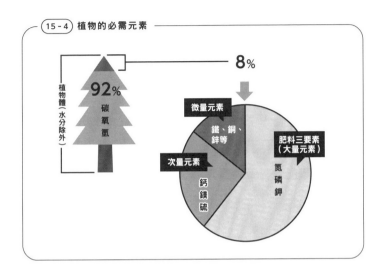

植物體（水分除外）

8%

92%
碳
氧
氫

微量元素
鐵、銅、鋅等

肥料三要素
（大量元素）
氮
磷
鉀

次量元素
鈣
鎂
硫

■ 構成植物的元素

　接著就讓我們以玉米的成分，來檢視構成植物的元素吧。水的元素為氧 **O**、氫 **H**，醣類的主要構成物為纖維素，其元素為碳 **C**、氫、氧，蛋白質內含的元素是碳、氫、氧、氮、硫，脂肪則帶有碳、氫、氧元素。

　以重量排序，又以**碳、氧、氫、氮**四種元素占了極大比例。接著依序是鉀、鈣、鎂、磷、硫[4]。另也含有鐵、氯、鋅、硼、錳、銅、鉬。

---

[4]：每個部位、細胞內、生長階段的含有率都不同。

構成人體的元素

實際情況依照年齡和體型會有些許不同，但基本上人體中含有超過6成的水分。除了構成水的氫和氧，我們體內又帶有哪些元素呢？

■ 構成人體的物質與大量元素

人體中含量最多的是水，接著依序為**蛋白質**、**脂肪**（脂質）、**無機物**（礦物質），還有**醣**。

蛋白質不僅存在於我們身上的肌肉、各個器官，毛髮和指甲也是由蛋白質組成。另外，扮演著維持生命重要功能的酶、激素與抗體[*1]，多半也都是由蛋白質組成。蛋白質種類繁多，據說人體就含有約10萬種。

蛋白質是由大量胺基酸串連而成。胺基酸基本上包含了碳 C、氫 H、氧、氮 N，部分胺基酸更含有硫 S。

而脂肪、醣都是由碳、氫、氧構成。

占人體體重 1～2% 的骨

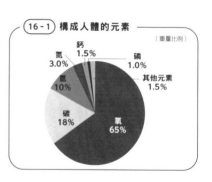

（16-1）**構成人體的元素**

（重量比例）

- 鈣 1.5%
- 磷 1.0%
- 氮 3.0%
- 其他元素 1.5%
- 氫 10%
- 碳 18%
- 氧 65%

＊1：激素能調節體內運作，抗體則能保護身體，避免來自體外的入侵攻擊。

(16-2) 人體所含的元素細項

分類	元素名稱	比例	體重每60公斤的含量
大量元素	氧	65%	39 kg
	碳	18%	11 kg
	氫	10 %	6.0 kg
	氮	3 %	1.8 kg
	鈣	1.5 %	900 g
	磷	1 %	600 g
次量元素	硫	0.25 %	150 g
	鉀	0.2 %	120 g
	鈉	0.15 %	90 g
	氯	0.15 %	90 g
	鎂	0.05 %	30 g
微量元素	鐵	—	5.1 g
	氟	—	2.6 g
	矽	—	1.7 g
	鋅	—	1.7 g
	鍶	—	0.27 g
	銣	—	0.27 g
	溴	—	0.17 g
	鉛	—	0.10 g
	錳	—	86 mg
	銅	—	68 mg
超微量元素	鋁	—	51 mg
	鎘	—	43 mg
	錫	—	17 mg
	鋇	—	15 mg
	汞	—	11 mg
	硒	—	10 mg
	碘	—	9.4 mg
	鉬	—	8.6 mg
	鎳	—	8.6 mg
	硼	—	8.6 mg
	鉻	—	1.7 mg
	砷	—	1.7 mg
	鈷	—	1.3 mg
	釩	—	0.17 mg

註：1mg = 0.001g

骼和牙齒，則是由無機物（礦物質）中的磷酸鈣組成，所以體內鈣、磷含量也是相當可觀。當我們將人體中必需元素分成大量元素、次量元素、微量元素、超微量元素時，光是大量元素的**氧、碳、氫、氮、鈣Ca、磷P**，就占了人體的98.5%。

■ 次量元素、微量元素與超微量元素

如果只有上述六種大量元素，人依然無法生存。

我們還需要雖然少量卻能發揮極大效用，且極為必要的元素，那就是次量元素、微量元素和超微量元素。

次量元素為硫、鉀K、鈉Na、氯Cl、鎂Mg，大量元素和次量元素加總後就占去整體的99.3%，剩餘的0.7%則是微量元素與超微量元素。

微量元素普遍存在大多數的蛋白質與酵素中，它們會各自成為誘發特殊化學反應的催化劑，扮演著重要角色[2]。

當這些元素不足時，我們會出現相關的缺乏症；攝取太多則會出現過量或中毒症狀，所以適量即可。

尤其是超微量元素中，很多元素一旦過量就會引發嚴重的中毒反應。舉例來說，福島第一核電廠發生事故時，外洩出具放射性的碘，使得含碘I消毒液蔚為話題，但對於體重70公斤的人來說，其實只要2毫克的碘就能引發中毒。

---

[2]：就以微量的鐵為例，鐵存在於紅血球的血紅素中，可以將氧氣運送至各細胞中，扮演著非常關鍵的角色。缺鐵會引發貧血，相關解說請參照「42章魚和烏賊的血為什麼是藍色？」。

第 3 章

「人類的歷史」是
由元素所推動

人類自古就很懂得如何將火與各種技術結合。木炭是將木頭悶燒後所得到的燃料，主要成分為碳。硫礦挖出時的模樣就是結晶狀，所以人們從很久以前就非常熟悉硫的存在。

■「燃燒」是人類所知最重要的化學變化

燃燒，也就是物體燒起來，為人類所知最古老，更是最重要的化學變化。

推測人類始祖應該是察覺火山噴發或打雷會導致山裡的樹木燒起來，並且從這些自然火災中，發現燃燒現象的存在。接著人類更進一步發現使用木頭彼此摩擦，或者用石頭相互敲打也能夠生火。

人類知道火的存在後，便開始將火用來照明、取暖、烹調、防禦猛獸。

目前已知人類最古老且具體的用火證據，考古發現源自於一百萬年前的直立人（Homo erectus）*1，地點位於南非的奇蹟洞（Wonderwerk Cave）遺址，人們在那裡發現了燒成灰燼的植物遺跡與燒過的骨頭碎片。發現大量且明確用火證據則要等到史前人類的尼安德塔人（Homo neanderthalensis）時代（60萬年前起），但我

---

*1：生存於更新世（約為258萬年前〜1萬年前）的人種。有人認為，直立人應該是在生存競爭中，敗給了現在人類所屬的智人（Homo sapiens）。

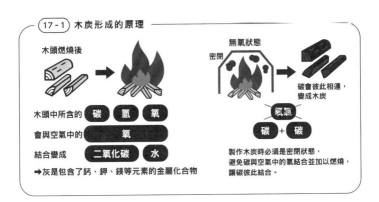

17-1 木炭形成的原理

木頭燃燒後

木頭中所含的 碳 氫 氧

會與空氣中的 氧

結合變成 二氧化碳 水

→灰是包含了鈣、鉀、鎂等元素的金屬化合物

無氧狀態

密閉

碳會彼此相連，變成木炭

氧氣

碳 + 碳

製作木炭時必須是密閉狀態，避免碳與空氣中的氧結合並加以燃燒，讓碳彼此結合。

們尚未得知尼安德塔人是如何生火。

■ 火的技術發展與「碳」

一般認為，人類應該是基於好奇心，而開始嘗試用火、接近火，透過不斷嘗試，了解到火有何作用，從短暫性的應用，進一步習得持續用火的技術。

尤其是在爐器問世後，人們更變得能夠隨時使用火。另外，隨著用火技術的發展，我們還學會了悶燒木頭，製造木炭。人類最開始應該是直接於地面或在土裡挖洞，讓木頭碳化[2]。

碳C這個元素名稱雖然是到了近代才有，但目前認為，人類早在石器時代就知道木炭的存在。

木炭產生的煙霧比木材少，燃燒溫度又高，除了料理會作為

---

[2]：人們又學會先在地上堆疊木材，接著在上面覆蓋樹枝、樹皮、枯草，然後再於外側蓋土，並裝設排煙孔使木材碳化，或是用炭窯讓木頭碳化。

燃料使用外，人們也會藉木炭之力，從礦石中取出金屬。想要從礦石中取出銅或鐵可少不了木炭，木炭是青銅器文明與鐵器文明發展過程的關鍵之物。

■ 易燃卻不能作為燃料的「硫」

硫S就是我們在火山噴發口會看見的黃色結晶，所以人們自古就知道硫（硫磺）的存在。硫磺點火後會冒出藍白火焰，非常易燃，卻不適合作為燃料。

想要作為燃料使用，必須先滿足發熱量夠大、燃燒後產生的物質散至空氣中也不會造成問題等條件。

然而，硫磺燃燒後會產生**刺鼻臭味且有毒的二氧化硫**（亞硫酸氣體），所以不能當成燃料使用。

但也因為燃燒會出現有毒的二氧化硫，古人便經常運用硫磺燃燒後所產生的煙霧，又稱作**煙燻消毒法**。像是羅馬時代會燃燒硫磺產生的二氧化硫煙燻酒桶，預防微生物造成污染，之後更活用在醫藥與火藥製造上。

十九世紀中期為止所使用的黑火藥就是以硝石（硝酸鉀）、硫磺、木炭混合製成。

硫是化學反應非常強烈的元素，能和金、鉑除外的金屬形成化合物。硫和汞都是煉金術時代相當重要的物質[3]。

---

[3]：煉金術自誕生起盛行約2000年，直至17世紀，當時人們會嘗試將鉛這類卑金屬轉化成貴金屬的金。因為他們認為：所有金屬都是用硫和汞製成，兩者的配比可以形成不同的金屬特性；只要找對硫汞比例，就能得到金。

18 光芒閃閃動人的金和銀

古代人從砂土和石頭裡找到了會發出美麗閃亮光芒的金，再加上金這種金屬既柔軟又不易腐蝕，因此成了加工為裝飾品的珍貴材質。銀也會被用來製成餐具和裝飾品。

■人們自古已知存在的金屬有七種

就存在於自然界的金屬來說，能以元素形態取得的金屬，主要有金 Au、銀 Ag、汞 Hg、銅 Cu、鉑 Pt（白金）這五種。

所謂「元素形態」，指的正是我們在自然界中所看見的金往往呈現金色金屬（自然金），銀則是銀色金屬（自然銀），而銅則會是赤銅色金屬（自然銅）。

古人拾獲並收集這些金屬，接著加以敲打結合，使其變大、變薄，或是切削、加熱熔化，做各種加工。

即便自然銅挖掘殆盡，我們還能從孔雀石及藍銅礦等銅質礦石中取得。錫 Sn 類礦物的錫石、鉛 Pb 類礦物的方鉛礦，以及鐵砂和鐵礦石也都能採集到金屬，但必須搭配運用火和木炭。

於是，古代人知道了金、銀、汞、銅、鉛、錫、鐵 Fe 這七種金屬的存在。不過，古代人尚不知道鉑，要等到十八世紀後才發現此金屬[1]。

---

*1：鉑是比金還要稀少的金屬，從過去到現在只挖出了 4500 噸。

■ 離子化傾向

高中化學的課本內，會學到「離子化傾向」這個概念。

當金屬元素遇到水或水溶液時，會將電子往外丟，使自己呈陽離子的狀態。 我們將這個表現的強烈程度依大小排序，稱為金屬的離子化傾向。

幾個常見金屬的離子化傾向依序（離子化序列）[2]如下。

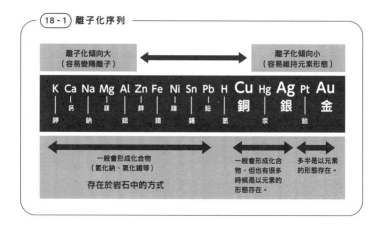

18-1 離子化序列

氫雖然不是金屬，但會變成陽離子，所以也放入離子化序列作比較。

在這個離子化序列表裡，愈左邊的原子愈容易變成陽離子，也就是很容易失去電子的意思（把電子傳給需要的對象）。離子化序

＊2：參照「06元素成員超過8成是『金屬』」。

列既是金屬原子失去電子的難易度排序，也是金屬活性的高低順序。而自古為人熟知的金屬，即是離子化傾向相對較小或非常小的金屬。

金屬離子化會變成陽離子，陽離子與陰離子相遇後，會變成化合物。也就是離子化傾向愈小的金屬，愈容易以元素形態存在，就算是化合物也很容易變成元素。

離子化傾向非常小的鉑、金，在自然界中往往以金屬狀態存在；離子化傾向偏小的銅、汞、銀，在自然界有時會是金屬，有時則是化合物。

■ 金的採礦量相當於四座的奧運游泳池

金的英文是gold，源自於印歐語的「ghel」，有「閃耀」的意思。元素符號 **Au** 則是來自拉丁語的aurum（閃亮發光之物）。

金如其名，是帶有美麗金色光澤的金屬，也是人類運用歷史最悠久的金屬之一[*3]。

話雖如此，從人類開始採金以來，截至2019年為止的挖掘量頂多相當於4座奧運規格泳池，也就是**20噸左右**。2019年全球的礦山產金量為3,300噸，比2018年的3,260噸增加40噸。聽說目前地球上剩餘的金礦總量大約是5萬噸。以技術面來說，今後可挖掘的金量會逐漸減少，金的稀有度想必會愈來愈高。

[*3]：以《舊約聖經・創世紀》所提到的伊甸園為例，裡頭其實早有和金相關的記載。西元前3000年之際，於美索不達米亞孕育最古老都市文明的蘇美人也留下做工精美的黃金頭盔。另外，埃及古遺跡以及從西元前3000年繁盛至西元前1200年左右的愛琴海文明也出土了許多的黃金製品。

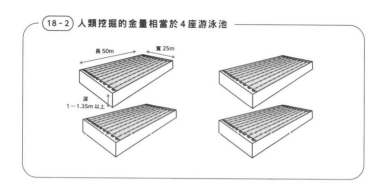

18-2 人類挖掘的金量相當於4座游泳池

長 50m　寬 25m

深
1～1.35m 以上

■古代人其實覺得銀比較貴重

銀也是人們自古已知的金屬，《舊約聖經》裡甚至有提到買賣銀的敘述。銀會被做成珠寶飾品、銀製餐具、銀幣使用。

我們在古時候也有挖掘出自然銀，但產量比自然金要少，必須挖採礦石才有辦法取得，而且當時的採銀技術並不發達。銀的運用與金相比晚了許多，所以稀有度遠超過金。西元前3600年的埃及法律有記載，金和銀的價值比為 1：2.5 *4。

隨著從礦石開採銀的技術提升，銀礦產量增加，價值也開始比金來得低。

不過，十六世紀於美洲大陸開採出大量的銀成為相當關鍵的轉折點。1545年，西班牙帝國在安地斯山脈（南美玻利維亞）發現**波托西礦坑**，不僅提振了經濟，更使銀幣流通於世界各地。

---

*4：古代的銀必須連同金屬鉛，從含銀量不超過1%的方鉛礦取出。西元前3000年的埃及與美索不達米亞遺跡發現鉛的同時也都可以看見銀的蹤跡，但與金相比，銀製品量明顯稀少。

19 煉金術與受毒性所累的汞和鉛

汞的熔點低，為 −38.87℃，是唯一常溫下為液體狀態的金屬。
與其他多種金屬融化混合，就能製造出汞齊。鉛這種金屬則是很
柔軟，容易加工，但兩者都存在毒性問題。

■ 只有汞是常溫下為液體的金屬

金屬中，**唯有汞Hg在常溫下為液體狀態**[*1]；也因為大自然存
在著液體的自然汞，所以汞同樣是人類自古相當熟悉的金屬。
汞的表面張力很大，能像葉片上的水珠一樣，呈圓形顆粒狀滾
來滾去。

汞再加上其他多種金屬就能製造出**汞齊**。汞齊Amalgam源自
希臘文，意指「柔軟物質」，與金**Au**、銀**Ag**、銅**Cu**、鋅**Zn**、
鉛**Pb**等多種金屬相溶後，就會變成柔軟的膏狀合金。

人們更發現汞齊加熱後，只有汞會氣化，於是將此特性運用
在金屬精煉與鍍金技術，此手法更從古代沿用至十九世紀。

另外，汞和硫的化合物——**硃砂**（成分為硫化汞）特徵在於鮮豔
的棕紅色，中國及印度自古便廣泛作為顏料使用。早在西元前
1500年左右的埃及墓穴中就曾發現硃砂的存在，日本高松塚古
墳的壁畫也有使用硃砂。

---

*1：汞的元素符號Hg為拉丁語hydrargyrum（如水般的銀）的縮寫。

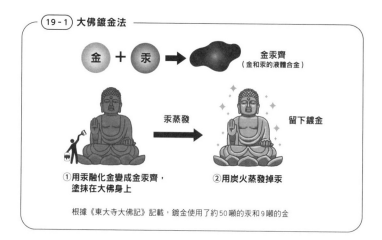

19-1 大佛鍍金法

金 + 汞 → 金汞齊
（金和汞的液體合金）

汞蒸發　　　留下鍍金

①用汞融化金變成金汞齊，　②用炭火蒸發掉汞
　塗抹在大佛身上

根據《東大寺大佛記》記載，鍍金使用了約50噸的汞和9噸的金

■ 活用於煉金術

邁入西元年後不久，埃及亞歷山大港、中南美、中國、印度開始盛行煉金術，人們利用**煉金術**從卑金屬取得黃金，甚至追求長生不老藥（中國又稱為「煉丹術」）。即便硃砂這類汞化合物帶有毒性*2，仍被當成長生不老藥，西元前246年即位的中國秦始皇，以及日本飛鳥時代的持統天皇據說都曾為了長生不老，欣喜地服下汞化合物。

在古代的元素說中，帶有閃耀銀色，變化多樣的汞被認為是非常重要的「水」之精，與另一個被視為「火」之精的硫，皆是煉金術裡相當關鍵的物質。

---

*2：汞又可大致區分為金屬汞、無機汞、有機汞，其中必須特別留意金屬汞及有機汞。金屬汞易氧化，吸入汞蒸氣將引起中樞神經疾病與腎功能障礙。有機汞之一的甲基汞是造成水俣病的致病物質。請參照「26公害惡水的真相——汞」。

■自古便極珍貴卻帶有毒性的鉛

鉛擁有①熔點低（327.5℃），質地柔軟易加工；②容易精煉，價格低廉；③生鏽速度快，會在表面形成細緻的氧化膜，避免內部腐蝕；④在水中也不易腐蝕這幾項優越特性。

將含鉛礦石的方鉛礦投入火中就能得到鉛。至今我們已經發現可能距今有五千年歷史的鉛鑄造品，也曾經從古羅馬遺跡中找到現在仍可使用的鉛製自來水管，所以鉛可以說自古便與你我的生活息息相關。

鉛也可見於藥物、顏料中，帶黃的淡褐色密陀僧（一氧化鉛）、紅色的鉛丹（四氧化三鉛）、白色的鉛白（鹼式碳酸鉛）等鉛化合物早在希臘羅馬時代就已存在。在古代，鉛白還曾是**白粉化妝品的原料**。據聞江戶時代有很多受歡迎的歌舞伎人氣演員年紀輕輕就過世，於是便有人認為，是因為塗抹太多鉛白（鉛中毒）的關係。

另外，鉛也是焊料（鉛錫合金）、鉛蓄電池、槍彈散彈彈藥、釣具砝碼、水管、X光防護屏蔽的材料。不過，鉛對人體的毒性與環境污染在近幾年被視為問題，所以人們多半會避免使用。

順帶一提，鉛筆雖然有個「鉛」字，卻是不含鉛的[3]。鉛筆筆芯是以碳C常見同素異形體之一的**石墨（黑鉛）**，以及黏土燒製固化而成。

---

[3]：原本是用鉛和錫的合金做成筆芯，所以取名鉛筆（筆芯顏色是銀色，因此又叫銀筆）。但因為價格昂貴，筆芯質地又硬，於是換成了現在的石墨。14世紀米開朗基羅就是用銀筆畫素描。不過，用金屬銀製成的筆也可稱作銀筆。

20 見證文明發展歷程的銅與錫

古代社會最初使用的金屬是自然金與自然銅。人類的器具從石器邁入銅器,接著轉變為青銅器。當中,青銅器時代更是和國家的形成及文字的發明息息相關。

■ 可分成三階段的文明史

丹麥考古學家湯姆森(Christian Jürgensen Thomsen)將人類的文明史分為石器時代[*1]、青銅器時代、鐵器時代三大時代。

會這麼區分,是因為湯姆森曾任位於哥本哈根的丹麥國立博物館館長,他依照人類對工具的使用程度,尤其是以刀具材質變化為基準作分類,開始將博物館內的收藏品分成石類、青銅、鐵 Fe 三種類別作為展示。換句話說,當人類開始把青銅作

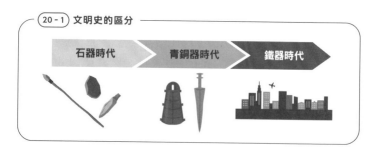

20-1 文明史的區分

石器時代　　青銅器時代　　鐵器時代

[*1]:還可分成舊石器時代與新石器時代。

成實用工具，那個時代就是**青銅器時代**[2]。青銅器時代大約在西元前3000年至西元前2000年起源於美索不達米亞地區，相當於中國的商周時代。

然而有些地區並未隨著時代區分出現變遷。舉例來說，埃及當地無法取得錫，截至西元前2000年左右的第十二王朝，埃及依然無法製造青銅器。而日本在彌生時代同時從中國大陸引進青銅器和鐵器，所以並未特別區分出青銅器時代。

■ 最原始的金屬器具是銅器

銅Cu是帶點紅色的柔軟金屬。

除了自然銅的存在，孔雀石和藍銅礦等礦物也都能以簡單方式挖掘出銅礦，所以人們從很久以前就已經開始使用銅了。

像是伊拉克就曾挖出西元前9500年左右的銅製垂飾，埃及、巴比倫、亞述的遺跡中也都有出土六千年以前的銅物，這也意味著石器時代後接著而來的就是**銅器時代**。

後來，青銅器終於在古中國的商朝、地中海的邁錫尼文明、邁諾斯文明以及中東地區趨於普及，終於迎來青銅器時代。

但是如果只使用銅打造，器皿的質地會太軟，要與錫**S**一起做成合金後，變得比銅更硬更耐用，於是青銅開始被做成農業用的鋤頭、鏟子，甚至是刀、矛等武器材料。

---

[2]：青銅是以90%的銅和10%的錫為基準配比的合金。可用混合比例來作硬度與色調的變化。

不過，銅和青銅的產量有限，價格十分昂貴，一般來說只會製成高位階者的武器或裝飾品，於是成了權威的象徵[3]。

農具和武器雖然後來轉變成鐵製，但是銅和青銅仍可見於教堂鐘、裝飾品等物，甚至在火藥發明的驅使下，成了大砲的材料。工業革命時期，銅和鐵也都是製造機械的材料，受人類青睞持續應用。

再加上十九世紀末電力開始發展，在電線等用電材料的帶動下，銅的需求量增加。時至今日，銅仍是繼鐵、鋁Al之後，**使用量排名第三的金屬**。

■ 除了一日圓，其餘硬幣都是銅合金

一般來說，硬幣都是以混合數種金屬的合金製成。唯獨一日圓硬幣（一圓鋁幣）是純鋁材質而非合金，是非常另類的存在。

鋁既輕又軟，可見於家中的鋁箔紙以及窗框等建材，鋁的應用之所以如此廣泛，是因為它有層氧化膜能夠保護內部[4]。

除了一日圓，從五日圓到五百日圓硬幣都是用**銅合金**製成。銅本身帶點紅色，和其他金屬相混成合金後，會隨著組成成分及比例，變成偏紅色、金色、銀色等各種顏色。

從五日圓到五百日圓一共五種硬幣，都以銅的含量最多，但外觀看起來卻差異很大。每種硬幣的成分配比如右圖所示。

---

[3]：埃及第18王朝的壁畫中可以看見只有指揮官（貴族）配戴青銅劍，士兵的裝備為弓箭、木製的矛與棍棒。

[4]：鋁容易離子化（易腐蝕），表面接觸空氣時會氧化，形成細緻的氧化鋁膜，這層膜能保護內部，避免氧化情況變嚴重。

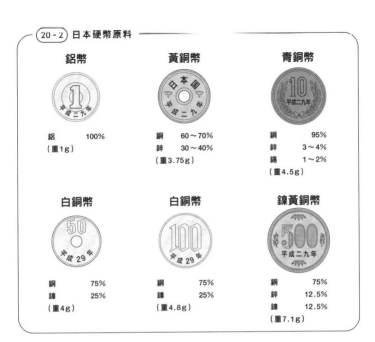

20 - 2 日本硬幣原料

鋁幣

鋁　　　100%
（重1g）

黃銅幣

銅　　60～70%
鋅　　30～40%
（重3.75g）

青銅幣

銅　　　95%
鋅　　3～4%
錫　　1～2%
（重4.5g）

白銅幣

銅　　　75%
鎳　　　25%
（重4g）

白銅幣

銅　　　75%
鎳　　　25%
（重4.8g）

鎳黃銅幣

銅　　　75%
鋅　　12.5%
鎳　　12.5%
（重7.1g）

■ 錫可應用在合金或電鍍

錫的熔點相對低（232℃），是質地然柔軟的金屬，同時具備不易生鏽，硬度適中好加工的特性。過去會利用木炭從錫石（成分：二氧化錫）中取出錫。

自古以來人們就會用純錫製作餐具，也會加工成青銅、焊料（鉛錫合金），甚至用來電鍍[5]，到今日運用範圍仍相當廣泛。

---

[5]：錫比鐵不易腐蝕，所以會在罐頭、茶罐內側鋼材的表面鍍層錫，就是我們說的馬口鐵。

21 打造出現代富裕社會的鐵

> 從建材乃至日用品，鐵是我們運用最廣泛的金屬。碳含量介於
> 0.04～1.7%的鐵又會特別稱作鋼，常作為鋼骨或鐵軌材料。

■時至今日仍處於「鐵器時代」

用來製鐵的礦石就稱作「**鐵礦**」[1]。

鐵礦在世界各地的產量豐富，所以從鐵礦中取出的鐵 **Fe** 也成為人們用量最大的金屬。

時至今日，我們仍處於鐵器時代的延伸線上，也就是以鋼為中心的鋼鐵時代。鋼混合了鐵與碳 **C**，所以比石頭或青銅更硬、更強韌，能做成各種器具、武器與建築材料[2]。

鐵能搭配其他金屬（鎳、鉻、錳等），製造出具備各種優異特性的合金，這也是鐵用途能夠如此多元的理由之一。我們以鐵合金的形式補強了鐵本身的弱點，為鐵拓展更多新用途。

舉例來說，鐵搭配18%的鉻 **Cr**、8%的鎳 **Ni** 就能製造出 **18/8 不鏽鋼合金**，這種合金不容易生鏽，同時具備漂亮的銀白色表面，所以廣泛應用於各種材料中（以身邊物品來說，最常見於鍋具、餐具等廚房器具）。

---

[1]：具體來說包含了赤鐵礦、磁鐵礦、鐵礦砂，成分皆為氧化鐵。
[2]：鋼是含有極微量碳元素的鐵合金，又可稱作鋼鐵。請參照「56 衍生出各類鋼鐵的五大元素」。

人們最早應該是先觀察到鐵礦外露的地點焚火後所留下的剩餘物，或是偶然察覺銅礦中參雜著鐵礦，才開始在鐵礦中發現鐵的存在。

鐵礦處處皆可取得，所以只要學會如何生產，就能以低廉的價格製造大量的鐵。

鐵器比石器和青銅器更好使用，因此也可見於農業、工業及戰爭武器中。像是鐵斧頭能劈林砍柴，有了鐵鋤頭則能輕鬆耕耘硬土。

■ 造鐵技術始於西元前數千年

西元前2000年左右登場的**西臺王國**＊３，被認為是古代非常會製鐵且因此興盛的國家。西臺人首次製造出鐵製的武器和馬拉戰車，並與鄰近的大國埃及爭奪勢力。隨著西元前十二世紀帝國滅亡，製鐵技術也跟著傳開來，我們原本認為世界就是在這時候邁入鐵器時代。

可是經過調查後，發現距離西臺人遷徙至小亞細亞至少超過一千年以上的古老地層中，竟然出土了疑似從鐵礦中挖掘取得的鐵塊。由此可以推估，開發製鐵技術的很有可能是被西臺人征服的**小亞細亞原住民**，而非西臺人。

這也意味著不同於西臺人的民族早就具備造鐵技術，而且比

＊３：在小亞細亞（今土耳其）建構了高度文明的古代民族，王國首都「哈圖沙」遺跡於1986年登錄為世界遺產。

我們認為的時間點更早。

■ 日本的吹踏鞴製鐵

由宮崎駿執導的動畫電影《魔法公主》中，有出現女性豪邁踩踏踏板的場景，這是利用踩踏將空氣從鼓風箱送入製鐵爐。踩踏工作非常耗力，照理說女性很難勝任，不過透過電影，我們可以知道日本由來已久的「**吹踏鞴製鐵**」是什麼模樣。

調查製鐵爐遺跡後，發現**日本應該是從古墳時代開始製鐵**。古代的吹踏鞴製鐵爐樣式簡單，人們會先將地面下挖，接著在裡頭鋪放鐵砂與木碳。送風方式則從原本的手壓式改良成《魔法公主》場景中出現的腳踏式。

隨著時代演進，爐體尺寸跟著變大，逐漸成為黏土材質，地底結構較深的箱爐。

只要爐子一點火，就會不眠不休連續運作三天，是非常辛勞的工作。製鐵需要和鐵砂等量的木炭，而且最後只會煉得原料鐵三成左右的鋼量。

到了明治時代後半，使用熔礦爐（高爐）的西式製鐵法終於取代吹踏鞴製鐵，到了大正末期便完全消失。

不過，為了保存傳統技術，吹踏鞴製鐵近期又開始於日本各地現蹤[4]。

---

[4]：日本刀材料的玉鋼較適合以吹踏鞴製鐵工法製作，因此日本美術刀劍保存協會選在島根縣建設相關設施，重啟吹踏鞴煉鋼。

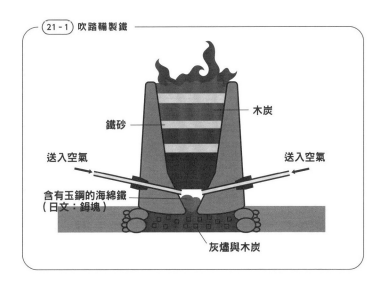

21-1 吹踏鞴製鐵

木炭

鐵砂

送入空氣　　　　　　　　　送入空氣

含有玉鋼的海綿鐵
（日文：鉧塊）

灰燼與木炭

■日本近代的製鐵技術

日本的近代製鐵，始於 1901 年（明治34年）創建的官營八幡製鐵所[5]。

近代製鐵會在巨大的熔礦爐（高爐）中混合鐵礦、焦炭（煤炭悶燒後留下的炭塊）、石灰石，接著從下面吹入熱風，燃燒焦炭。高爐是個龐然大物，相當於 30 層樓那麼高。

這時形成的一氧化碳會從鐵礦裡吸收氧 **O**，接著形成鐵，此階段得到的鐵名叫**生鐵**，含有大量的碳（4～5％）。

從高爐取出的生鐵很脆弱，這時會將生鐵移到轉爐，接著灌

---

[5]：二次世界大戰之前是鋼鐵產量占日本過半，排名第一的鋼鐵廠，目前仍是日本製鐵的製鐵所。

入氧氣，燒炭使其減量，藉此調節含碳量，並製成鋼鐵。鋼的含碳量低（0.04～1.7％），質地強韌，廣泛應用在各種材料中。

到了現代，鋁 **Al**、鈦 **Ti** 這類新型金屬雖然較受重用，不過鐵還是最主要的金屬材料，我們甚至可以說，現在正值「鐵器時代」、「鐵器文明」呢。

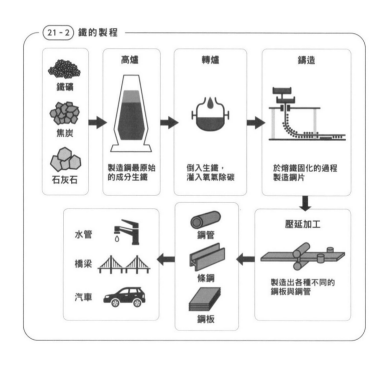

21-2 鐵的製程

鐵礦	高爐	轉爐	鑄造
焦炭	製造鋼最原始的成分生鐵	倒入生鐵，灌入氧氣除碳	於熔鐵固化的過程製造鋼片
石灰石			

壓延加工
製造出各種不同的鋼板與鋼管

水管
橋梁
汽車

鋼管
條鋼
鋼板

第 4 章

「社會事件」背後
隱身的元素

22 家庭中的化學武器——氯

氯在空氣中僅占0.003～0.006%，不過它會入侵鼻子或咽喉黏膜，一旦濃度變高，最嚴重可能致死，所以氯也曾被拿來作成毒氣化學武器。

■投入第一次世界大戰的化學毒氣武器

1915年4月22日，德軍在柏林和法軍對峙時，就曾使用過毒氣「**氯氣**」作為武器[1]。

氯氣比空氣重，所以會跟著風貼近地面飄散開來，德軍就是用氯氣來襲擊壕溝裡大量的法軍。這次攻擊是史上第一次正式的毒氣戰，又名「第二次伊珀爾戰役」，當時釋放了170噸的氯氣，造成5,000名法軍死亡，14,000人中毒。

後來，人們學會了配戴防毒面具等因應方式，不過接著又開發出毒性是氯氣的十倍，帶有窒息味的光氣（Phosgene），以及無色，一旦接觸就會灼傷皮膚，引起嚴重肺氣腫、肝功能障礙的芥子氣（Yperite）。

時至今日，只要是具備基礎化工水準的國家都能製造毒氣（化學武器），所以毒氣又被稱為「**窮人的原子彈**」。

目前禁止化學武器公約[2]已經生效（1997年），日本也在1995

---

[1]：同年9月英軍也使用了氯氣。隔年1916年2月，法軍同樣釋放氯氣作為報復，於是各國開始熱衷毒氣製造。

[2]：正式名稱為《禁止發展、生產、儲存及使用並銷毀化學武器相關之公約》。

年核准這項公約。

■ 清潔劑危險勿混用的原因

現在有許多家用清潔劑和漂白水上都會貼有「危險勿混用」的標籤。會做出這樣的標示，是因為過去曾發生氯氣造成意外。

1987年12月，一位居住在日本德島縣的家庭主婦用**酸性洗劑**（含鹽酸）清洗廁所*³，婦人為了將髒污去除得更徹底，又使用了**含氯的漂白水**（含次氯酸鈉），導致氯氣產生。由於廁所空間狹窄，氯濃度急速上升，造成婦人急性中毒不幸死亡。

發生此事件後，日本的家庭用品品質表示法自1988年起便明

（22-1）**危險勿混用**

氯系   **酸性類型**   **會產生有毒氣體，危險！**

氯系漂白水
氯系除黴劑
水管疏通劑等

廁所清潔劑（鹽酸）
檸檬酸
醋酸

---

*³：馬桶裡的污垢多半是因為排泄物中的尿酸、磷酸、腐敗蛋白質和沖馬桶水的鈣離子結合，形成尿酸鈣、磷酸鈣等不易溶於水的物質，並附著於馬桶。這些污垢遇酸會起反應，變成易溶於水的物質。

文規定，產品須附上「危險勿混用」的標示字樣，但其實這類事件至今仍層出不窮。

■ 含次氯酸鈉的漂白水、除黴劑和清洗劑

次氯酸鈉是氯系漂白水的主要成分，具漂白、殺菌作用。氯系漂白水是最常見的漂白水種類，具備強大的漂白力和殺菌力，所以不能用來清洗有顏色或花紋的衣物，更不能用在毛類或絲絹類產品[*4]。氯擁有絕佳殺菌力，因此也是除黴劑的成分。另外，當排水管中間的U形處或浴室水管內有毛髮阻塞時，會使用水管疏通劑，而這類產品中也含有添加了界面活性劑和氫氧化鈉的次氯酸鈉。

含有次氯酸鈉的產品**遇到鹽酸、檸檬酸等酸性物質後，就會**

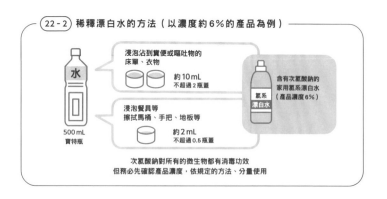

22-2 稀釋漂白水的方法（以濃度約6％的產品為例）

水
500 mL
寶特瓶

浸泡沾到糞便或嘔吐物的床單、衣物
約10 mL
不超過2瓶蓋

浸泡餐具等
擦拭馬桶、手把、地板等
約2 mL
不超過0.5瓶蓋

含有次氯酸鈉的家用氯系漂白水（產品濃度6％）

氯系漂白水

次氯酸鈉對所有的微生物都有消毒功效
但務必先確認產品濃度，依規定的方法、分量使用

[*4]：如果是比氯系漂白水還要溫和的氧系漂白水（過碳酸鈉），即可用在有顏色或花紋的衣物，但不可用於毛製或絲絹製品。

產生氯氣。

氯氣和次氯酸鈉皆具殺菌作用，所以也會被用來消毒水管或游泳池，只要使用濃度正確，對就不會健康造成危害。

■ 其他類型的氯化合物

食鹽主要成分的**氯化鈉**以及**鹽酸**（氫氯酸），都是常見的氯 **Cl** 化合物。胃所分泌的胃酸就屬於鹽酸，有助消化及殺菌。

塑膠的聚氯乙烯（PVC）也是**氯化合物**。聚氯乙烯這類含氯的塑膠燃燒時，在某些燃燒條件下會形成有毒的戴奧辛。

戴奧辛同時存在急性毒性與慢性毒性。所謂急性毒性是指攝入戴奧辛後會較快（數天內）造成影響的毒性，但以你我的生活來看，並不需要太過擔心戴奧辛的急性毒性[5]。比較棘手的會是少量但持續攝入時，過個幾年才開始出現症狀的慢性毒性。有研究報告指出，針對以小鼠、大鼠及倉鼠進行的所有慢性毒性實驗中，類戴奧辛中毒性最強的物質（TCDD，2,3,7,8－四氯雙苯環戴奧辛）皆會致癌，對於人類同樣存在致癌風險。

另外，碳 **C**、氟 **Fu** 以及氯的化合物還包含了氟龍。氟龍具備不燃性，化學活性低，容易液化，所以常見於冰箱冷媒、發泡劑、半導體製程中的清洗劑、噴霧劑等產品中。但氟龍會破壞臭氧層，因此目前國際傾向禁用。

---

[5]：針對攝入戴奧辛後會出現的急性毒性症狀，包含了可見於所有動物的體重減輕、胸腺萎縮、脾臟萎縮、肝功能障礙、造血功能障礙等。人類及猿猴還會出現氯痤瘡、水腫（浮腫）、脂漏性眼疾。

23 沙林毒氣的原料 —— 磷

1995年3月20日上午8點左右，日本奧姆真理教用有機磷化合物進行化學恐攻，史稱「東京地鐵沙林毒氣事件」。這裡就讓我們了來解一下，也會用於殺蟲劑的有機磷化合物究竟是什麼。

■ 什麼是有機磷化合物？

以碳 **C** 為主要架構的分子（有機化合物），當中含有磷 **P** 的化合物又稱作「有機磷化合物」。例如負責製造DNA的核酸、形成細胞膜的磷脂質中都可見有機磷化合物，是構成生物形體不可或缺的存在，但它所具備的強烈毒性也是為人所熟知。

有機磷化合物是德軍在二次世界大戰中為了製造毒氣所研究出的物質，包含了「**沙林**」（sarin）以及相仿的「**泰奔**」（tabun）和「**沙門**」（soman）。

這些毒氣在世界大戰時並未被投入戰爭，但伊拉克曾在1983年用於兩伊戰爭中。東京地鐵沙林毒氣事件[*1]竟然會使用就連戰爭也不太出現的毒氣，便可知該事件有多麼特殊。

有機磷系的毒氣又稱為「**神經毒**」，進入體內後，會使對神經作用扮演重要角色的乙醯膽鹼處於過剩狀態，引發生物各種不適。沙林毒氣的中毒症狀包含瞳孔收縮、眼睛痛、呼吸困難、

＊1：以麻原彰晃為教主的日本新興宗教團體「奧姆真理教」發動的無差別恐攻事件。當時造成
14人死亡、6300多人受傷，是日本史上最慘烈、規模最大的殺人事件。

噁心、頭痛等，只要少量就可能致死。

■ 家用殺蟲劑的有機磷化合物成分

殺蟲劑的化學結構類似沙林，更是你我平常可輕鬆取得的物品。殺蟲原理和對人產生毒性的原理相同，都是**妨礙神經傳導物質的正常分解，藉此中止生命活動以驅除蟲類**。家用殺蟲劑都經過特別設計，當中所含的有機磷化合物足夠殺死蟲類，但對人體造成的毒性不大。

(23 - 1) **家用殺蟲劑類型**

殺蟲劑	對象害蟲	劑形範例（主要有效成分）
衛生害蟲用	會媒介病原菌的害蟲（蒼蠅、蚊子、蟑螂、跳蚤、蟎蟲等）	燻煙劑 蚊香〔類除蟲菊素〕 電蚊香片〔有機磷〕 防蟎貼片 噴劑 硼酸丸子〔硼酸〕
擾人害蟲用	會讓人感到不適的害蟲（白蟻、衣蛾、皮蠹、蛞蝓、螞蟻等）	噴劑〔類除蟲菊素〕 貼片〔有機磷〕 顆粒〔氨基甲酸鹽〕
園藝（農業）害蟲用	會對家中園藝植物造成危害的害蟲（蚜蟲、介殼蟲、美國白蛾等）	乳劑〔類除蟲菊素〕 液劑〔有機磷〕 粒劑〔氨基甲酸鹽〕 噴劑

馬拉松（Malathion）、撲滅松（Fenitrothion）這類有機磷藥劑的毒發作用原理相同，不過是人類等哺乳類動物能透過代謝去除毒性或排泄掉的化學結構設計。馬拉松和撲滅松的化學式分別為 $C_{10}H_{19}O_6PS_2$、$C_9H_{12}NO_5PS$，元素成分皆包含了碳、氫 **H**、氧 **O**、磷、硫 **S**，撲滅松則是多了氮 **N**。

■ 未使用有機磷的殺蟲劑

有些殺蟲劑產品並未使用有機磷。人們將除蟲菊 *2 的有效成分除蟲菊精（Pyrethrin）加以改良，製成更強力的殺蟲劑，使用也更加普及，一般會稱為「**類除蟲菊素**」殺蟲劑。此類殺蟲劑同樣能麻痺昆蟲的神經系統，使其無法呼吸，不僅能用在各種蟲類，每隻蟲只需相當於十萬分之一公克的用量就能發揮效用。

類除蟲菊素殺蟲劑中，較常見的成分是亞烈寧（Allethrin），化學式為 $C_{19}H_{26}O_3$。裡頭只包含碳、氫、氧元素，所以可以知道亞烈寧不是有機磷化合物。亞烈寧常被作成能直接噴射蟑螂或蚊子的噴罐或電蚊香片，對人體及寵物不具毒性。

---

*2：除蟲菊為一種植物，日文又稱作シロバナムシヨケギク（白花虫除菊），將乾燥花磨粉施撒具殺蟲效果，日本自明治時代便開始作為天然殺蟲劑使用。

24 既存於體內，卻又帶毒性──砷

我們不僅能在土中、水裡發現砷，就連生物體內也存在砷，所以砷是一種就在你我身邊的元素，不過它卻也是常被提及的代表性毒物。讓我們來看看為何砷能夠這麼一體兩面吧。

■ 自然界中廣泛存在的元素

砷 **As** 是隨處可見的元素，它存在於一種名為雄黃（雞冠石）的土中礦物，所以自古便為人所熟知。

我們在水裡[1]、身體[2]裡也都能看見砷，它甚至會被拿來製成人工產物。砷和鎵 **Ga** 的化合物常見於半導體產業，例如LED就是你我相當熟悉的產品。

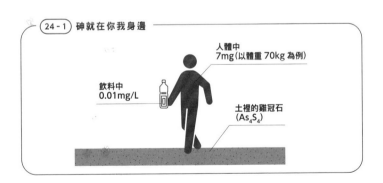

（24-1）砷就在你我身邊

人體中
7mg（以體重 70kg 為例）

飲料中
0.01mg/L

土裡的雞冠石
（As_4S_4）

＊1：自來水中的砷濃度都會經過嚴格檢測，一般認為每1L的水中砷含量不超過0.01mg即可。
＊2：體重70公斤的人體中約含有約7毫克的砷。

■ 發生於日本的砷中毒事件

但是，攝取過量的砷會致死，日本也曾發生過像是土呂久公害（1920～1962年）、森永牛奶砷中毒事件（1955年）、和歌山毒咖哩事件（1998年）等相當嚴重的砷中毒事件。

砷中毒可分成一次攝取大量引發的「**急性中毒**」以及長時間持續少量攝取會出現的「**慢性中毒**」。急性中毒的劇痛、嘔吐、出血症狀與慢性中毒的衰弱症狀最終都有可能致死。

■ 傳統的毒殺用元素

砷，是自古以來就會被用來毒殺的元素。

其中又以容易用礦物製成的**三價砷**（As_2O_3）、**亞砷酸**（$AS(OH)_3$）這類**無機砷化合物**最為常見，中世至近世歐洲經常用砷達到下毒暗殺的目的[*3]。

其中，亞砷酸無臭無味，易溶於水，所以輕鬆就能混入食物與飲水中，在對方毫不知情的情況下投毒。再加上當時的人們尚未知道從遺體檢測砷的方法，所以下毒者根本無須擔心東窗事發。

1838年，能夠證明用砷下毒的檢驗法「馬西試砷法」（Marsh test）終於問世。在那之後，人們就能輕鬆判斷是否為砷中毒致死，如今砷更被稱為「**愚者之毒**」。

---

* 3：16世紀，一種名為「托法娜仙液」（Aqua Tofana）的化妝水就含有大量亞砷酸，這原本是婦女們使用的保養品，但在信奉天主教，不允許離婚的國家裡，卻變成女人用來奪走丈夫性命的暗殺毒藥。

■含砷的食物

其實，砷也存在於我們常見的食物中，像是牡蠣、伊勢龍蝦等海鮮，不過大家一點都不用擔心。因為海中生物所含的砷屬於**有機砷化合物**，和無機砷化合物不太一樣，並不具毒性。有機砷化合物攝入體內的速度快，但是和血液繞行身體一圈後就會溶於尿液排至體外，嚴格說來只是路過身體而已。

但說到日本人經常食用的**羊栖菜**（鹿尾菜），就稍微複雜了些，因為羊栖菜其實帶有無機砷化合物。2004年7月，英國食品標準局（FSA）就曾建議英國人民不要食用羊栖菜[4]。

對此，日本厚生勞働省在「Q&A」[5]中，針對「吃羊栖菜是否會增加健康風險」的問題，給予右方專欄的回應。

從結論來說，只要不是食用非常大量，就無須擔心健康問題。

> ・如果每天持續吃超過4.7g的羊栖菜，就會達到WHO在1988年提出的危險攝取量。
>
> ・沒有報告可以證明羊栖菜所含的無機砷化合物就是危害健康的原因。
>
> ・羊栖菜富含膳食纖維，同時含有必要的礦物質。
>
> ・只要均衡飲食，勿過量攝取，基本上不會增加對健康的風險。

---

[4]：會做出這樣的建議，是因為有調查報告發現，羊栖菜含大量有致癌風險的無機砷化合物。

[5]：參照日本厚生勞働省官網「關於羊栖菜所含的砷Q&A」
（https://www.mhlw.go.jp/topics/2004/07/tp0730-1.html）

無砷時代下的天賜之毒 —— 鉈

> 鉈，和砷一樣常被用來下毒。鉈在常溫下是銀白色的金屬，外表和特性跟鉛類似。接著就讓我們聚焦在被視為毒物的鉈。

■ 鉈曾是脫毛劑的主成分

鉈 **Tl** 是在 1861 年發現的元素。與前面介紹的砷相比，鉈算是毒性元素界裡的「新人」。

人們最初發現鉈的時候，便學會運用鉈化合物的高毒性，藉以驅除老鼠和螞蟻等農業生活中造成困擾的生物。目前日本雖然已經全面禁用鉈，可是在過去，曾有一段時間並不難取得鉈化合物。

鉈化合物之一的 **硫酸鉈** $[Tl_2SO_4]$ 易溶於水，幾乎無色無味，完全符合毒殺須具備的物質特性，在推理小說中，鉈有時也會被用來取代砷作為下毒工具。

當人體攝入超出劑量的鉈後，會出現肢體麻痺、意識障礙、衰弱等中毒反應，以及掉髮的特殊現象。在過去人們尚不知鉈對身體會造成危害時，還曾利用它的這項特性，製做成除毛膏產品 *1。

---

*1：現在看到掉毛就會知道是毒性引起的，所以已經能從症狀推敲出是鉈中毒。

■「偽裝成別人」後發揮毒性

鉈會偽裝成另一種物質，再發揮毒性。

鉈的分子大小和化學特性，非常像人體所需元素的鉀 **K**，所以體內專門讓鉀通過的關卡會把鉈誤認成鉀。這時，**鉈就會偽裝成鉀並入侵人體的中樞**。

鉈持續入侵體內的話，會做出鉀不會做的破壞行為，也就是阻礙生物內的化學反應，對生命活動帶來極大傷害，鉈的毒性便是由此而來。

利用同樣手法發揮毒性的元素不只鉈，鎘 **Cd** ＊2 也會佯裝成鋅

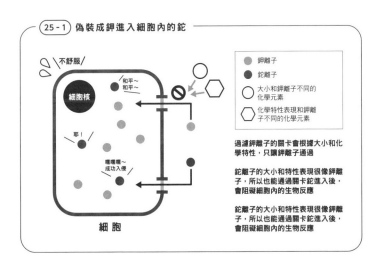

25-1 偽裝成鉀進入細胞內的鉈

不舒服！

和平～
和平～

細胞核

耶！

嘿嘿嘿～
成功入侵

細胞

- 鉀離子
- 鉈離子
- ○ 大小和鉀離子不同的化學元素
- ⬡ 化學特性表現和鉀離子不同的化學元素

過濾鉀離子的關卡會根據大小和化學特性，只讓鉀離子通過

鉈離子的大小和特性表現很像鉀離子，所以也能通過關卡鉈進入後，會阻礙細胞內的生物反應

鉈離子的大小和特性表現很像鉀離子，所以也能通過關卡鉈進入後，會阻礙細胞內的生物反應

＊2：參照「27造成全身劇痛的禍首──鎘」。

Zn；此外，具放射性的鍶**Sr**則會偽裝成鈣**Ca**。

■ 利用鉈的毒殺事件

鉈毒殺事件當中，最有名的案例就屬發生在英國，由格雷厄姆・揚（Graham Young）所犯下的連續毒殺事件（1961～1971年）。

日本也曾發生過數起鉈毒殺事件。

最近一起毒殺事件發生於1991年，是一名東京大學的技術官員用鉈殺害了同事，他以研究時用來抗菌的醋酸鉈犯下這起毒殺案。

另外，2005年女高中生的毒殺未遂事件，更在日後被翻拍成電影*3。

■ 以「偽裝手段」反將一軍的解毒劑

鉈很可怕，但人們也在1969年時找到了解方，那就是名為「**普魯士藍**」（Prussian blue）的物質。普魯士藍含有鉀，當鉈靠近時（因為兩者性質相似），普魯士藍的鉀就會與鉈相互替換。帶有鉈的普魯士藍便能排出體外，達到解毒作用，用「偽裝手段」反將鉈一軍。即便是鉈攝取量多到會致死的患者，只要用普魯士藍治療兩週左右就能痊癒，效果極佳。

---

*3：日本電影《變態少女毒殺日記》（2013年7月上映）。參與第42屆鹿特丹影展後備受關注，並獲頒第25屆東京影展最佳影片。

26 公害惡水的真相 —— 汞

伴隨經濟高速成長所衍生的日本「四大公害病」中，水俁病和新潟水俁病的起因都是有機汞。連發生兩次的水俁病究竟是什麼樣的公害？

■ 入侵腦部的汞

汞 **Hg** 是一種在常溫下為液體的金屬，也是元素狀態下唯一的液態金屬元素。萬一誤飲水銀時，水銀也只會像是路過般流過體內，但是變成有機化合物後，就會帶有強烈毒性。

「水俁病」多半是指1950年代後半出現在熊本縣水俁灣的疾病，而1965年發生在新潟縣阿賀野川流域的則會稱作「新潟水俁病」。

引發兩起事件的物質，都是化學工廠[*1]排放廢水時，水中含有名為「**甲基汞**」的有機汞。甲基汞外洩到環境中，接著進入浮游生物體內，小魚吃掉浮游生物，大魚又吃掉小魚……。甲基汞不斷朝食物鏈上端的生物移動、濃縮，最後累積在食物鏈頂端的人類體內。

當地漁夫都會吃海鮮，所以甲基汞污染水俁灣期間，估算每天約攝入3.3毫克的甲基汞。甲基汞中毒會在攝取量達25毫

---

*1：分別是熊本的窒素株式會社、新潟的昭和電工。

克時，先出現知覺異常，隨著分量不斷增加，接連出現運動失調、說話障礙、重聽等症狀。這些都是因為汞入侵腦部與神經系統所引起，攝取量達200毫克時就很有可能因此死亡*2。

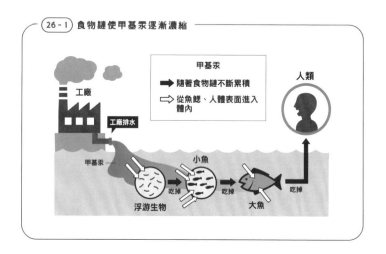

26-1 食物鏈使甲基汞逐漸濃縮

甲基汞
➡ 隨著食物鏈不斷累積
⇨ 從魚鰓、人體表面進入體內

工廠
工廠排水
甲基汞
浮游生物
吃掉
小魚
吃掉
大魚
吃掉
人類

■ 汞使用規範的進程

2013年10月，在熊本市及水俁市召開的國際會議上，通過了《汞水俁公約》，目的在於避免人為排放汞造成環境和健康問題。該公約於2017年8月16日生效，人們也開始禁限用生活中的含汞產品。

＊2：官方公布因水俁病死亡的人數為1963人（截至2020年5月31日）。仍在世的患者卻也受後遺症所苦，不少人到了今日還在和水俁病搏鬥或打官司。

不知各位是否知道「**紅汞**」這種殺菌劑？紅汞更常以紅藥水的名稱為人所知，但由於紅汞裡頭含有汞化合物，被列入法律規範對象的關係，日本在2020年底便全面停產[3]。

其實，日光燈裡面也有少量的氣態汞[4]。對此，日本也於2020年12月31日起，開始針對包含日光燈的含汞燈具之製造、出入口進行部分規範。

以前使用的溫度計基本上都是「水銀溫度計」，因為這種溫度計在極大溫度範圍內能維持一定的膨脹、收縮程度，所以使用上相當方便。不過，最近開始被更容易使用的數位溫度計逐漸取代。

■ 汞就近在我們意想不到之處

汞化合物出乎意料地離我們很近，那個地方就是神社。神社的**鳥居**會塗成紅色，使用的紅色顏料中就很可能含有硫化汞。

除此之外，**你我體內**也有汞的存在。一般來說，人體含有約6毫克的汞。其實農水產品裡同樣含有極微量的汞，我們每天在不知道的情況下，大約會攝入0.003毫克（＝3微克）的汞，卻也會透過每次的排尿，逐次將這極微量的汞排出體外，攝入量與排出量相互抵銷後，體內的汞含量會維持在一定的分量。

＊**3**：2019年9月14日施行的「汞環境污染防治法」。
＊**4**：參照「36『日光燈』使用後兩端變黑之謎」。

27 造成全身劇痛的禍首 —— 鎘

前面提到的日本「四大公害病」中，還有一項名叫痛痛病，聞名世界的公害疾病，英文更直接取日文發音，稱作「Itai-itai disease」，是會讓全身劇痛的疾病。

■ 「好痛！好痛！」

痛痛病是1910～1960年流行於日本富山縣神通川流域的疾病，致病物質為含鎘 **Cd** 的廢棄物[*1]。

發病患者的意識雖然清楚，卻會出現全身劇痛，只能不斷地喊「好痛、好痛」。

此病的痛源在於骨頭。對人體腎臟來說，攝取過量的鎘會形成劇毒。當腎功能變差，就會使骨頭無法順利吸收鈣，引發**軟骨症**。骨頭變軟使患者無法支撐自己的體重，導致身體多個部位骨折並帶來劇烈疼痛；甚至有醫生為了把脈，舉起患者手腕時就應聲骨折的情況。也因為太過疼痛的關係，患者在病床上完全動彈不得，深感痛苦的同時身體又逐漸衰落，最後死亡。

■ 人人討厭的元素

毒性元素逃離不了被我們從生活中驅逐的命運。歐洲各國自

＊1：三井金屬礦業神岡礦山煉鋅廠排放的廢棄物。

2013年起，開始針對含鎘的電器產品作嚴格規範。

其實在這不久前，鎘都還被應用在各種用途中，例如鎳鎘電池、防鏽電鍍、鎘黃顏料＊2等，日本目前也開始宣導盡量避免使用鎘。

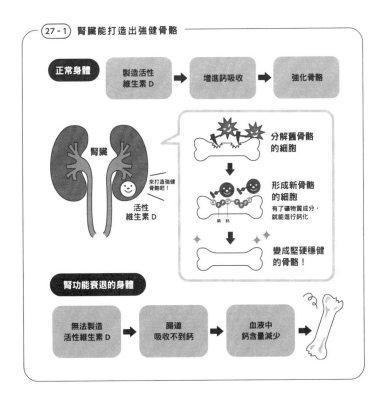

(27-1) 腎臟能打造出強健骨骼

正常身體　製造活性維生素D　→　增進鈣吸收　→　強化骨骼

腎臟

來打造強健骨骼吧！

活性維生素D

分解舊骨骼的細胞

形成新骨骼的細胞

有了礦物質成分，就能進行鈣化

鎘　鈣

變成堅硬穩健的骨骼！

腎功能衰退的身體

無法製造活性維生素D　→　腸道吸收不到鈣　→　血液中鈣含量減少

＊2：據說莫內、梵谷、高更等知名畫家都非常愛用鎘黃顏料。
＊3：相傳「720年左右（奈良時代）還曾挖過黃金」，但無從考證其真實性。

■ 鎘與神岡礦山，以及微中子

位於岐阜縣的神岡礦山是早在江戶時代就有在開採的礦山，曾挖掘出金、銀、銅、鉛等*3。進入明治時代後，日本也開始參與戰爭，而製造裝甲板需要用到金屬。在這波影響帶動下，神岡礦山自1905年起投入**鋅Zn**的生產。

讓我們來看看週期表裡鋅的位置，會發現鋅的正下方就是鎘。週期表中同一族的元素特性會非常相似，鋅和鎘的特性表現確實很像，所以**從地底挖出鋅礦的同時，多半會夾帶著鎘**。不過，有開發需求的只有鋅，這時鎘就會被當廢棄物丟掉。這些鎘隨著河川流入水田，導致農作物累積大量的鎘，人們吃了農作物後，就會得到痛痛病。

日本在2001年關閉了神岡礦山，現在的神岡礦山又是什麼模樣呢？

神岡礦山已經搖身一變，成了最先進的宇宙物理學研究設施。

此設施名叫「**超級神岡探測器***4」（Super-Kamiokande），是一個藏身礦山之下的超大水槽，用來研究比原子還要小上許多的基本粒子「**微中子**」（neutrino）。歷史悠久的礦山竟然化身為最先進的宇宙觀測儀，是多麼戲劇性的神展開啊。

---

*4：由東京大學宇宙線研究所主導，全球最大的宇宙基本粒子探測器——水契忍可夫探測器（water Cherenkov detector）。初代的「超級神岡探測器」成功觀測到「宇宙微中子」，小柴昌俊教授也在2002年獲頒諾貝爾物理學獎。第二代的「超級神岡探測器」則是觀測到「微中子振盪」，讓主導的梶田隆章教授在2015年同樣獲頒諾貝爾物理學獎。

第 5 章

「廚房餐桌」
美味科學的元素

28 「自來水」裡的微量元素

我們身體裡約有60%的水，每天喝下肚的水能維持你我的生命。
日本的飲用水包含了自來水、礦泉水等，究竟這些水含有哪些元
素呢？

■ 自來水中的元素

自來水基本上就是水，裡頭所含的元素就是構成水的**氫H**和
氧O。

水很能溶解物質，許多物質都會溶於水。大氣中的氣體會溶
於雨水，森林土壤吸收了雨水後，雨水接觸到土壤和岩石，又
會溶掉裡頭的成分，接著變成地下水、河水以及湖水。一般最
常見的飲用水是自來水，而自來水的原水（自來水的來源）就是來
自這些水源*1。

自來水供應中最關鍵的條件，就是必須讓人安心飲用無菌乾
淨的水。若是湧泉或地下水水質優良的區域，只要將這些原水
用**氯Cl**消毒過即可作為自來水使用。

不過，大都市的水源可能來自河川下游，這時就必須先把原
水送至淨水場，經淨水處理後，再以氯消毒，最後才會成為自
來水。自來水一定會用氯消毒*2，裡頭百分之百含有氯元素。

---

*1：自來水的原水主要來自河川、水庫、湖水（以上稱「地表水」），以及伏流水、井水（以上
　　稱「地下水」），其中地表水占比約7成。目前來自水庫的水占比逐漸增加。
*2：依照日本自來水法規範，台灣亦有相關法規規範。

氯消毒多半會使用次氯酸鈉［NaClO］，所以水裡面除了含有氫、氧外，還可見氯、鈉 Na 元素，同時夾雜著**鎂 Mg**、**鈣 Ca**、**鉀 K** 等礦物質。原水其實也含有錳 **Mn**、鐵 **Fe**、鋁 **Al**、砷 **As** 等元素離子，但沉澱、濾前加氯處理等淨水處理會過濾掉這些離子，所以分量會隨之減少*3。

　　人們對於自來水消毒淨水過程中會產生的致癌物質三鹵甲烷（Trihalomethan）感到非常有疑慮。三鹵甲烷的「鹵」意指氯 **Cl**、溴 **Br** 等**鹵素元素**，以結構來說，三鹵甲烷是甲烷［CH$_4$］的四個氫原子中，有三個換成了氯和溴原子的分子，最常見的是三個［H］換成了氯的三氯甲烷［CHC$_3$］*4。當淨水廠執行「濾前加氯」作業時，一旦原水中含有大量有機物，就很容易形成三鹵甲烷。

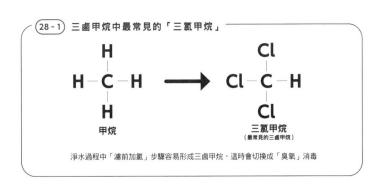

28-1 三鹵甲烷中最常見的「三氯甲烷」

甲烷 → 三氯甲烷（最常見的三鹵甲烷）

淨水過程中「濾前加氯」步驟容易形成三鹵甲烷，這時會切換成「臭氧」消毒

---

*3：氯消毒所使用的氯是指「濾後加氯」，最剛開始用來氧化分解錳、氨或有機物的氯則稱作「濾前加濾」。

*4：三氯甲烷英文又名 trichloromethane，中文俗稱氯仿。

■ 礦泉水的礦物質含量並沒有比較多

飲用水中最常見的商品就是礦泉水了。不過，會取名為礦泉水，並不是因為裡頭所含的礦物質很多。無論是我們飲用的自來水、井水（地下水），還是湧泉水，這些水全都含有礦物質。換句話說，**礦泉水就只是飲用水的名稱之一**罷了，所以把自來水裝進寶特瓶後，同樣可以稱作「礦泉水」。

絕大多數的礦泉水都是抽取地下水加熱殺菌後裝瓶銷售。也因為最初被定位成偶爾飲用，滿足喜好的「享受」商品，所以並未以每天飲用為前提訂立嚴格的安全基準*5。另外，礦泉水中不含自來水可見的氯。

■ 硬水與軟水

有時會聽見「水質很硬、水質很軟」的說法。水的硬度，是指1公升的水中含有多少毫克的**鈣和鎂**。美式水質硬度則會換算成碳酸鈣含量。

硬水是指鈣鎂含量超過120毫克的水。日本除了沖繩等石灰岩地形較多的水源區域外，基本上都是以**軟水**為主。

順帶一提，日本的國產礦泉水除了不含氯外，其他的礦物質含量多半相當於自來水；不過法國進口的礦泉水硬度卻頗高，屬於硬水。

＊5：與自來水相比，礦泉水的水質管理基準相對寬鬆。

■什麼才是好喝的水？

水溫是影響水美味與否的重要條件。若夏天能將水溫控制在 $10{\sim}15{}^{\circ}\mathrm{C}$，其他季節則是介於 $8{\sim}10{}^{\circ}\mathrm{C}$ 的話，無論自來水還是礦泉水都會很好喝。

另外，水中的溶解物質也會帶來口感上的影響。好喝的水必須含有適量的美味成分（二氧化碳、氧、鈣），且不能夾雜有損風味的成分。

(28-2) **水要好喝的條件**

水質項目	參數值	內容
水溫	最高不超過20℃	水溫太高會變得不好喝，降溫後更覺美味
蒸發蒸餾物	30~200mg/L	量多會增加苦味與澀味，適量則會讓水變得醇厚順口
硬度	10~100mg/L	顯示鈣鎂含量，硬度低的水喝起來順口，人們對於硬度高的水喜惡較為兩極
游離碳酸	3~30mg/L	讓水帶有清爽滋味，太多則會變得刺激
過錳酸鉀消耗量	3mg/L以下	不純物及過去水污染的參考指標，量多有損水的風味
臭氧濃度	3以下	基於水源狀況，若水帶有各種味道，喝起來也會覺得不舒服
殘留氯	0.4mg/L以下	會讓水帶股消毒過的氯味，濃度太高將有損水的風味

來源：厚生省（今厚生勞働省）美味水研究會『水要好喝的條件』（1985年）

三大營養素包含哪些元素？

我們所吃的食物中，除了主食的米飯麵包，還有肉、魚、蛋、乳製品、蔬菜、水果等。這些食物（三大營養素）中究竟帶有哪些元素呢？

■ **什麼是三大營養素？**

三大營養素是指碳水化合物、蛋白質、脂質這三種人體必需營養素。

碳水化合物是熱量的來源。日本人每天攝取的熱量中，有近六成來自碳水化合物。碳水化合物包含了能在體內直接分解的「醣類」與無法分解的「膳食纖維」*1。1克的醣類相當於4大卡的熱量。

蛋白質是構成身體的主要成分。構成生物體的細胞中，一定含有蛋白質，無論植物還是動物的形體皆由蛋白質組成*2。另外，連接細胞的物質，以及在體內幫助誘發各種化學反應的酵素，其組成結構也都源自於蛋白質。而1克的蛋白質相當於4大卡熱量。

至於**脂質，簡單來說同屬「油脂」**。除了是熱量來源，也有助生物構成形體，而1克的脂質相當於9大卡熱量。

＊1：膳食纖維由纖維素等成分組成，無法被胃部及小腸消化，只能透過大腸內的細菌發酵，變成人體可吸收的熱量（1克相當於1～2大卡）。

＊2：像是小黃瓜也含有蛋白質，不過含量少於豬肉或雞蛋。

■ 碳水化合物

　植物經光合作用後，會先將水和二氧化碳轉化成**葡萄糖**。許多葡萄糖結合後，就會變成澱粉或纖維素。同樣都是葡萄糖結合，只要結合方式不同，就會形成特性迥異的物質[*3]。米飯和麵包的主要成分是澱粉，澱粉消化變成葡萄糖後，就會被身體吸收[*4]。

　葡萄糖是二氧化碳 $[CO_2]$ 分子和水 $[H_2O]$ 分子所含的氫原子結合後形成，所以只具備碳 **C**、氫 **H**、氧 **O** 這三種元素。

（29-1）碳水化合物

碳水化合物

醣類

多醣類：
澱粉（米飯等）

糖醇

其他

膳食纖維

糖

單糖：葡萄糖、果糖等

雙糖：蔗糖（砂糖）、乳糖、麥芽糖等

難消化　　　　　　　易消化

醣類：碳水化合物中膳食纖維除外的物質總稱，也是熱量來源的營養素
糖：除了可以形成卡路里，也能提升血糖

＊3：以澱粉來說，葡萄糖相連時會變成螺旋狀，但纖維素卻是筆直延伸的結構。
＊4：腦部和神經系統的能量來源主要是葡萄糖。

■ 蛋白質

　　蛋白質分解後，可以轉化成約20多種**胺基酸**。所有生物都是由這20種胺基酸構成形體*5。

　　胺基酸除了羧基（－COOH），還帶有氨基（－NH₂），所以不只具備C、O、H，更少不了氮**N**元素。而這個N原子會以硝酸離子[NO_3^-]和銨離子[NH_4^+]的形式，連同水一起從根部吸收，所以蛋白質的構成元素除了碳、氫、氧之外，絕對還包含氮*6。

　　肉、魚、蛋、大豆（豆腐等）、乳製品所含的蛋白質經消化後就會變成胺基酸，胺基酸進入體內後又會再次結合，依目的變成不同類型的蛋白質。

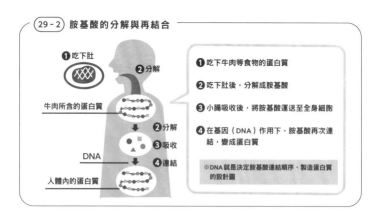

（29-2）**胺基酸的分解與再結合**

❶ 吃下肚

❷ 分解

牛肉所含的蛋白質

❷ 分解
❸ 吸收
❹ 連結

DNA

人體內的蛋白質

❶ 吃下牛肉等食物的蛋白質

❷ 吃下肚後，分解成胺基酸

❸ 小腸吸收後，將胺基酸運送至全身細胞

❹ 在基因（DNA）作用下，胺基酸再次連結，變成蛋白質

※DNA就是決定胺基酸連結順序、製造蛋白質的設計圖

---

*5：蛋白質種類繁多，據說人體就存在了高達10萬種的蛋白質。
*6：胺基酸有時還會含有硫。

■ 脂質

　植物會利用光合作用形成的**葡萄糖**，再合成出**脂肪**[7]。像是芝麻油、菜籽油、橄欖油全都是葡萄糖構成植物體後，再從植物榨取的油種。

　脂肪是由一個甘油分子和三個脂肪酸分子組成，不過，卻和上述的芝麻油、菜籽油、橄欖油有些不同，它們的差異在於脂肪酸。脂肪酸包含了亞麻油酸、油酸，共有20多種類。

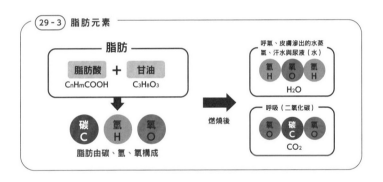

29-3 脂肪元素

脂肪

脂肪酸 ＋ 甘油
C_nH_mCOOH　$C_3H_8O_3$

碳 氫 氧
C H O
脂肪由碳、氫、氧構成

燃燒後

呼氣、皮膚滲出的水蒸氣、汗水與尿液（水）
氫 氧 氫
H O H
H_2O

呼吸（二氧化碳）
氧 碳 氧
O C O
CO_2

　脂肪分子有個特性，就是不易與水分子結合。脂肪在體內消化後，會變成脂肪酸和單甘油酯[8]。這些物質從小腸壁絨毛通過淋巴管，吸收入體內後，又會再次合成為脂肪，或是變為生成其他物質的材料。無論是甘油還是脂肪酸，它們的構成原子都只有C、H、O這三種，所以構成的元素也就會是碳、氫、氧。

＊7：以化學角度來說，常溫下為固體的是脂肪，液體則是脂肪油，總稱為油脂。有時也會連同磷脂和糖脂統稱脂質。

＊8：我們原本以為脂肪會消化分解成甘油和脂肪酸，但現在發現是會消化成脂肪酸和單甘油酯。

維生素元素和礦物質元素

> 前面介紹的三大營養素加上維生素和礦物質後，就稱作五大營養素。就讓我們來看看維生素和礦物質是由哪些元素組成的吧。

■ 維生素為有機物

三大營養素都是能變成熱量的有機物。反觀，有些東西雖然相對微量，卻也是生物維生的必需物，那就是**維生素**，我們體內基本上無法合成出維生素，因此，維生素也是我們必須從食物攝取的必要有機物。

每種生物體內無法合成的維生素種類不盡相同，所需的維生素也各有差異。就以**維生素C**為例，大多數動物都能在體內將葡萄糖合成為維生素C，但人類和猿類卻辦不到，所以對大多數的動物而言，維生素C並不微量，不過對人類來說的確是微量營養成分。

■ 維生素缺乏症與維生素過多症

人體內含有13種維生素，可依照性質概分為水溶性維生素和脂溶性維生素。水溶性維生素會溶於血液等體液中，多餘的部

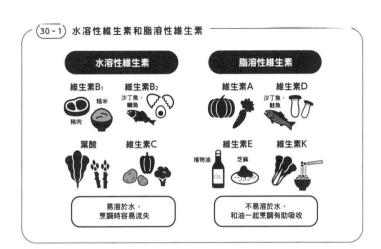

分會隨尿液排至體外，所以體內不太會有過量的水溶性維生素。

　　反觀，脂溶性維生素不易溶於水，主要貯藏在脂肪組織、肝臟等處。脂溶性維生素能讓身體機能維持正常運作，但只要攝取過量，就會造成負面影響。

　　缺乏維生素也會導致某些特定酵素的作用變差，阻礙代謝活性，甚至引發各種疾病。這種情況又稱作維生素缺乏症，只要補充維生素，基本上就能緩解症狀。不過，當我們攝取過量的脂溶性維生素，就很容易累積在體內，出現不樂見的症狀。

　　維生素是有機物，都含有碳 **C**、氫 **H**、氧 **O**，部分維生素則含有氮 **N** 或硫 **S** [1]。

＊1：結構複雜的維生素 B_{12} 就含有金屬元素鈷。

種類		缺乏症
水溶性維生素	維生素B群 維生素B$_1$	腳氣病、末稍多發性神經炎、水腫、便祕、食慾不振等
	維生素B$_2$	口角炎、口唇炎、口腔炎、角膜炎、脂漏性皮膚炎等
	菸鹼酸	糙皮病、口舌炎、皮膚炎、腸胃道疾病等
	泛酸（維生素B$_5$）	皮膚不適、兒童停止生長等
	維生素B$_6$	皮膚炎、神經功能障礙、食慾不振、貧血等
	生物素	皮膚不適、掉毛等
	葉酸	營養性巨球性貧血、口內炎、腹瀉等
	維生素B$_{12}$	巨球性貧血、神經功能障礙等
	維生素C	壞血病、食慾不振等
脂溶性維生素	維生素A	腳氣病、夜盲症、角膜乾燥、抗感染力衰退等
	維生素D	佝僂病、骨軟化症、骨質疏鬆症等
	維生素E	溶血性貧血、不孕、肌肉萎縮等
	維生素K	顱內出血、不易止血等

■ 礦物質是無機物

三大營養素和維生素是有機物，但**礦物質**（又稱無機質、灰分）不屬其中，是無機物。

礦物質可分成須大量攝取，以及只要微量即可這兩種，分別稱為**大量礦物質**與**微量礦物質**。

如果是透過平常飲食攝取礦物質，基本不用擔心過量問題，但若是大量服用保健食品的話，身體就會出現異樣*2。

＊2：像是過量的鐵可能會造成肝硬化或糖尿病

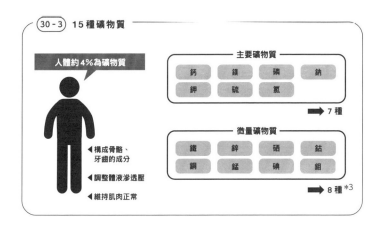

30-3　15種礦物質

人體約4%為礦物質

主要礦物質

| 鈣 | 鎂 | 磷 | 鈉 |
| 鉀 | 硫 | 氯 | |

➡ 7種

◀ 構成骨骼、牙齒的成分
◀ 調整體液滲透壓
◀ 維持肌肉正常

微量礦物質

| 鐵 | 鋅 | 硒 | 鈷 |
| 銅 | 錳 | 碘 | 鉬 |

➡ 8種*3

　　我們最常缺乏的礦物質是**鈣Ca**，牛奶、羊栖菜、小松菜都含有鈣。鈣在人體內不只存在於骨骼、牙齒，就連血液中也含鈣。當血液的鈣含量不足時，骨骼就會溶解釋放出鈣，使血液的鈣濃度維持在所需水準。所以一旦鈣不足，將可能造成骨質疏鬆、高血壓、動脈硬化*4等症狀。這時各位或許會覺得，只要多攝取鈣質就能增生骨骼，預防骨折吧？但其實從目前各項研究來看，大量的鈣是否能預防骨折的研究結論不一，所以尚無定論。

　　世界衛生組織（WHO）建議，每日應攝取至少3.5公克的**鉀K**，但日本國人每天的攝取平均量不及2.5克，是相當容易缺乏的礦物質。攝取豐富的鉀能降低血壓，同時預防腦中風。

---

*3：有些人也會把鉻列入微量礦物質中，但近年有人認為鉻不屬於礦物質，因此本書並未列入。

*4：鈣攝取過量的話，有些必須維持柔軟狀態的軟組織會鈣化變硬，阻礙鐵、鋅吸收，引起便祕。

31 「調味料」裡的美味成分

調味料能用來調整料理的味道及食材本身的風味,甚至讓菜餚整
體滋味更加分。就讓我們來看看食鹽、砂糖、醋、醬油這些最常
見調味料是由哪些元素構成的吧。

■ 食鹽的主要成分是氯化鈉

日本最常見的鹽是家用的小包裝鹽(食鹽500克、1公斤),由公
益財團法人鹽事業中心負責販售。這種家用小包裝鹽的質地較
乾爽,分散性佳,是非常方便使用的萬能型商品。

其成分含量(每100公克)如下[1]。

氯化鈉 [NaCl]	99.56g
水	0.11g
鹽鹵	0.33g

鹽鹵中的離子成分包含了鈣離子 $[Ca^{2+}]$、鎂離子 $[Mg^{2+}]$、鉀離
子 $[K^+]$、硫酸根離子 $[SO_4{}^{2-}]$ 以及氯離子 $[Cl^-]$。

金屬元素有**鈉Na、鉀K、鈣Ca、鎂Mg**,非金屬元素則包含
氯Cl、氫H、氧O、硫S。減鹽配方的食鹽則會減少鈉含量,增

---

[1]:參照公益財團法人鹽事業中心分析數據範例「食鹽500克、1公斤、5公斤、25公斤」
https://www.shiojigyo.com/product/upload/analytical_value.pdf

加鉀等鹽鹵成分。日本商品「餐桌鹽」（食卓塩）為了減少鹽鹵的吸濕性，讓鹽維持乾爽狀態，於是添加了**碳酸鎂**，所以成分中還會有**碳 C**元素。

公益財團法人鹽事業中心的食鹽是利用離子交換膜的特性，先將海水濃縮，接著再以鍋爐煮乾濃縮物。

最近市面上也可見氯化鈉純度比食鹽更高，灰分含量更多的天日鹽等產品。

■ 砂糖的主要成分是蔗糖

砂糖主要是先將甘蔗和甜菜根榨取汁液後製成。

砂糖可分成上白糖（白砂糖）、精製白糖、三溫糖*2、甘蔗糖、黑糖等。上白糖夾帶著水分，所以以質地較為紮實。

甘蔗糖和黑糖則帶有少量鉀、鎂等礦物質*3。

砂糖的主要成分名叫蔗糖，是一種由葡萄糖及果糖結合成的糖類。葡萄糖和果糖都是由6個碳原子、12個氫原子、6個氧原子組合成的分

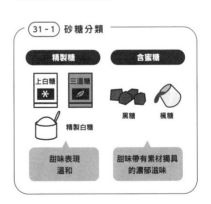

31-1 砂糖分類

精製糖　　　　　　含蜜糖

上白糖　三溫糖
＊
精製白糖　　　　黑糖　　楓糖

甜味表現溫和　　　甜味帶有素材獨具的濃郁滋味

＊2：三溫糖雖然有顏色，但那是砂糖加熱焦化後的焦糖，不含特別物質。

＊3：這些在平常飲食蔬菜中也都相當常見，所以不用特地為此攝取砂糖。

子 $[C_6H_{12}O_6]$，水分子被奪走後，兩者結合為一，變成蔗糖分子 $[C_{12}H_{22}O_{11}]$，由**碳**、**氫**、**氧**三種元素構成。

■ 醋的酸味來自醋酸

醋，是帶酸味的調味料總稱，一般常見的是以穀物釀造而成的釀造醋，其他還有果醋。以釀造醋來說，成分基本上會是**醋酸** $[CH_3COOH]$，果醋則多了檸檬酸、蘋果酸、草酸、酒石酸。

接著就讓我們來看看釀造醋的米醋成分*4。米醋是以米為麴，酒精發酵後製成的醋。成分中以水居多，每100公克占了87.9克，醋酸占4.4.克、碳水化合物7.4克、蛋白質0.2克、灰分（礦物質）0.1克。其中灰分是指鈉、鉀、鈣、鎂、磷、鐵、鋅等經高溫燃燒後所得的殘留物質。

以元素來說的話，主要是**氫**、**氧**、**碳**，再加上蛋白質的**氮N**、**硫**以及灰分（還有相對應的氧化物）。

■ 日本最具代表性的特產調味料 —— 醬油

醬油是撐起日本飲食文化的調味料，可大致分成五種*5。製作醬油時，會讓麴菌在小麥、大豆中培養，製成醬油麴，接著加入鹽水變成「醪」，再以乳酸菌發酵，最後再以酵母發酵，就能壓榨出風味獨特的黑褐色液體。五種醬油之中，濃味醬油是

---

*4：參照線上食品成分表「調味料類「食用醋」米醋」。
　　https://nu-coco.com/food/?code=17016
*5：JAS規範（日本農林規格）中分成了濃味（濃口）醬油、淡味（淡口）醬油、溜醬油、二次釀造（再仕込）醬油和白醬油。九州最常見的甜味（甘口）會歸類在濃味醬油，成分中加了砂糖等甜的調味料。

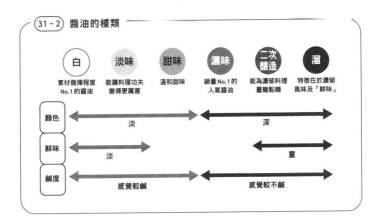

31-2　醬油的種類

白	淡味	甜味	濃味	二次釀造	溜
素材發揮程度No.1的醬油	能讓料理功夫變得更厲害	溫和甜味	銷量No.1的人氣醬油	能為濃郁料理畫龍點睛	特徵在於濃郁風味及「鮮味」

顏色	淡	深
鮮味	淡	重
鹹度	感覺較鹹	感覺較不鹹

最常見的種類，占全日本八成市場，也是日本醬油的代名詞。

醬油瓶上可以看見品質標示[6]和營養成分標示。

我看了家裡醬油的營養成分標示，上頭寫著「每一大匙（相當於15毫升）」含有「熱量15大卡、蛋白質1.5克、脂質0克、碳水化合物2.0克、糖1.9克、膳食纖維0.1克、鹽分（相當於食鹽的量）2.5克」。

成分標示上雖然沒有提到，不過發酵過程中產生的乙醇會和各種有機酸起反應，轉化為微量成分的酯類[7]，形成複雜的香氣與味道。

水、蛋白質、碳水化合物的元素包含**碳**、**氫**、**氧**、**氮**、**硫**，食鹽的部分則含有**鈉**與**氯**。

---

[6]：名稱、原材料名、內容量、賞味期限（保質期限）、保存方法、製造商（或進口商）名稱、地址等資訊。

[7]：酸和乙醇去水後產生的化合物總稱，多半帶有芳香。

茶杯和飯碗的最基本材料

陶瓷是指茶杯、飯碗等所謂的「燒製物」,常見於你我生活周遭。
這裡會介紹構成陶瓷的元素。

■ 三大材料之一

我們生活周遭存在著許多物質,但構成這些物質的材料基本
上有三種,分別是**金屬**(鋼鐵、鋁等)、**有機材料**(塑膠等)以及**陶
瓷**,共稱為「三大材料」,所以陶瓷可是能和金屬、塑膠並列,

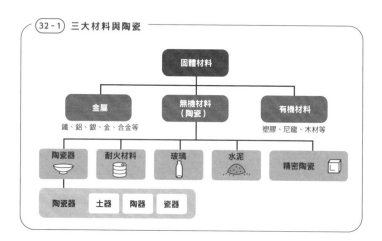

(32-1) 三大材料與陶瓷

非常棒的材料呢。

　　日本最早的陶瓷製品是**繩文土器**，歷史可以追溯到西元前16500年。人類大約是在西元前20000年～15000年開始使用土器，自古沿用的器具竟然可以維持著基本樣貌直至今日，實在令人驚訝，甚至感到不可思議[1]。

■陶瓷器的元素

　　接著就讓我們以傳統陶瓷器來看看陶瓷的作法。

　　製作陶瓷必須先有**黏土**。有些黏土會含矽 **Si** 氧化物的二氧化矽，或是含鋁 **Al** 的礦物高嶺石，基本上裡頭都會含鐵 **Fe**。我們製作陶瓷器必須用到黏土的氧化物，所以主成分會是氧 **O**。

　　黏土加水，透過搓揉排出內部空氣，再經由燒製後就會變成陶瓷。加水量、排氣程度、燒製次數和溫度，這些條件都會影響成品的品質。

　　完成第一次燒製的黏土稱作**素燒**，繩文土器等被稱為「土器」的物品皆屬素燒。

　　燒製到這裡就結束的話，製成的土器依然會吸水，不適合作為裝水的水杯。這時，必須在素燒坯表面塗一層含矽的液體，一般稱作「釉藥」。土器上了釉藥後再次燒製，就能於表面形成玻璃成分的薄膜，阻絕土器吸水，如此一來就成了使用便利的

＊1：2012年於中國江西省洞窟遺跡中發現的土器碎片，其年代約為20000～19000年前，推測是目前最古老的土器。「世界最古老的燒製物」則是從捷克 Dolni Vestonice 遺跡出土的維納斯像，據說是西元前29000～25000年時的作品。

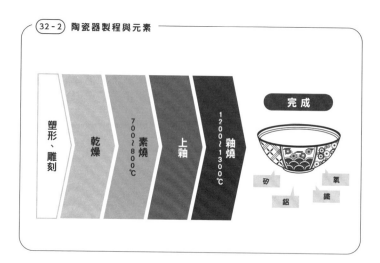

32-2 陶瓷器製程與元素

塑形、雕刻 → 乾燥 → 700～800℃ 素燒 → 上釉 → 1200～1300℃ 釉燒 → 完成

矽　氧　鋁　鐵

陶瓷器囉。

■ 有田燒與元素

有田燒是日本知名瓷器之一，為佐賀縣有田町的特產，特色是會以紅、藍、綠、黃色等各式各樣「作畫顏料」，將白色瓷器（白瓷）上色。

有田燒自古使用的作畫顏料，是利用金屬氧化物變化出許多顏色。綠色是銅 **Cu**、藍色是鈷 **Co**、紫色是錳 **Mn**、紅色及黃色則會使用鐵。

33 誕生「精密陶瓷」的關鍵元素

近年，陶瓷已超越了單純的「燒製物」範疇，在各個領域中發揮作用，使你我生活變得更豐裕，讓我們達到此境界的就是「精密陶瓷」。

■ 進化的精密陶瓷

「陶瓷」原本是指作為餐具等使用的陶瓷器，後來又普遍帶有「燒製固化之物」的含意。例如建築使用的磚塊、素描人像使用的石膏，還有個出乎意外的地方，那就是廁所的馬桶其實也算是陶瓷。

添加的水分多寡及燒製溫度會影響陶瓷的品質。所以人們從「土器」時代進入「陶瓷器」時代後，經過多次的錯誤及嘗試，終於持續進化至今。

到了現代，在高水準的化學技術下，我們更製造出高性能陶瓷材料，通稱「精密陶瓷」。

■ 構成精密陶瓷的元素

精密陶瓷是以結合了氧 O 和氮 N 等多種元素為材料所製成。

自古以來，陶瓷的主要成分是矽 Si，不過，較常見的精密陶

瓷主成分卻是鋁 **Al**。鋁的氧化物，也就是「氧化鋁」（alumina）**不易遭破壞及磨損**，還擁有**極佳耐熱性**等多種優異特性，所以應用範圍廣泛。

錯 **Zr** 元素的氧化物「氧化錯」（zirconia），是精密陶瓷刀具的材料。近來出現不少非金屬材質的剪刀或刀具，其實都是**氧化錯**陶瓷。在過去，我們不可能用陶瓷製刀，但現代化學技術克服了這項難題。

33-1 廚房裡的精密陶瓷製品

刀具　刨刀　刨菜器　剪刀　平底鍋

【特色】重量輕、不易磨損、能維持鋒利度、不易腐蝕

陶瓷也能應用在電氣迴路。含鈦 **Ti** 及鋇 **Ba** 的「鈦酸鋇」擁有極佳的蓄電特性，因此常見於電子零件的電容器中。另外，錯、鈦加了鉛 **Pb** 能製成一種名為「錯鈦酸鉛」的陶瓷，這種材料接收到電氣訊號後會震動，震動後能夠發電，同樣可見於電子零件中。

自古就被做各種應用的矽，其實和氮結合後，同樣也能變成精密陶瓷的材料。「氮化矽」在高溫下能維持強度，耐衝擊，且重量輕盈，非常適合做成引擎零件物料。

(33 - 2) 精密陶瓷種類

氧化鋯 [ZrO_2]	精密陶瓷中擁有最佳的強度及韌性。除了做成刀具，單晶也會被製成珠寶。
鈦酸鋇 [$BaTiO_3$]	具備高傳導性，擁有極佳的蓄電表現，常見於電容器零件。
氮化矽 [Si_3N_4]	高硬度、摩擦性能佳。同時具備高耐熱性，常見於引擎零件。

■ 未來還有更多發展潛能

據說，精密陶瓷的日文「ファインセラミック」一詞是由日本企業，京瓷（京セラ）創辦人稻盛和夫所命名。

時至今日，我們仍繼續開發**耐熱、不易壞、可導電**等，能夠於各個產業環節發揮極高性能的陶瓷材料，所以，我們就像是活在「精密陶瓷世界」裡。

34 千變萬化的「玻璃」構成元素

玻璃是與你我生活息息相關的材料，根據不同的用途及場合，我們也開發出各式各樣的玻璃，接著就一起來看看玻璃所含的各種元素吧。

■ 玻璃和燒製物很相似

大多數玻璃的主要成分都是由矽 **Si** 和氧 **O** 組成的化合物，也就是二氧化矽 [SiO_2]，接著會添加鈉 **Na**、鈣 **Ca**、鋁 **Al** 等金屬的氧化物，針對某些用途甚至會另外添加特殊金屬氧化物。

玻璃是「由矽和金屬元素氧化物所構成的物體」，就這點來看，使用的材料與燒製物其實頗相似，所以許多陶瓷中也都含有玻璃。

■ 就在你我身邊的玻璃化學

我們生活中最常見的是一種名叫「**鈉鈣玻璃**」的玻璃，是窗戶、瓶子、餐具的材料，主要成分包含了二氧化矽、氧化鈉 [Na_2O]、氧化鈣 [CaO]，構成比例如右圖所示。要多虧裡頭的氧化鈉（15%），才能讓玻璃在適當溫度下變軟變形，提升加工性。如果氧化鈉增量，玻璃就能在更低的溫度下變軟塑形[*1]。

[*1]：西元前1400年所製作的玻璃製品就含有約20%的氧化鈉。

氧化鈣約占 10%，可以減緩大氣中二氧化碳及水對玻璃造成的劣化[*2]。玻璃成分雖然複雜，每個成分卻很重要，混合配比必須恰到好處。

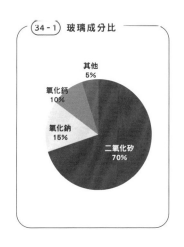

（34-1）玻璃成分比

其他 5%
氧化鈣 10%
氧化鈉 15%
二氧化矽 70%

■ 特殊玻璃

除了一般玻璃（鈉鈣玻璃），還有其他特殊玻璃。成分只有二氧化矽的玻璃為「**石英玻璃**」，這種玻璃加熱後也不會變軟，非常耐溫度變化，耐酸性也很強，是相當棒的材料，甚至被冠上「玻璃王」之名，常用於光纖產業。

主要成分為硼 **B**（氧化硼 $[B_2O_3]$）的玻璃則名叫「**硼矽玻璃**」，而最有名的是將鈉鈣玻璃中的 CaO 換置成 B_2O_3 的 Pyrex 玻璃。Pyrex 的耐熱性極佳，所以常用做成燒杯等實驗玻璃器具或耐熱餐具。

吊燈或切割玻璃使用的則是「**含鉛玻璃**」，這種玻璃如同其名，含有大量的鉛 **Pb**（氧化鉛 [PbO]），也因為光線折射率大，看起來就像珠寶一樣閃亮。

[*2]：過量反而有損玻璃的美。

■ 玻璃顏色的元素

說到玻璃藝術品的話，不少人應該都會聯想到色彩繽紛的彩繪玻璃。要為玻璃上色有幾種方法，以傳統的技法來說，一般是經由添加微量的金屬元素，透過金屬離子的顯色來為透明玻璃增添顏色。

彩繪玻璃所使用的元素與顯色的對照如下表所示。各位應該會發現，明明是一樣的元素，卻會呈現出不同的顏色，這是因為上色的玻璃種類與咬色過程中窯爐的狀態等條件，都會影響實際的顯色。

順帶一提，啤酒瓶的褐色是鐵 **Fe** 的顯色結果。褐色瓶能阻斷紫外線，非常適合填裝遇光會劣化的藥品。啤酒遇光也會劣化，有損風味，所以才會裝在褐色玻璃瓶販售。

(34-2) 玻璃的顏色與元素

玻璃顏色	調配顏色所用的元素
紅色	銅（源自金屬膠體的顯色）
藍色	鈷、銅、鐵
黃色	鉻、鐵
綠色	鉻、鐵、銅
褐色	鐵
紫色	錳

35 「塑膠」和「紙」其實是親戚？

> 如果說我們的生活是靠塑膠撐起的其實一點也不為過。另外，「紙」和塑膠一樣都是「高分子」，兩者算是親戚。接著就來看看這究竟是怎麼回事吧。

■ 日常生活中塑膠無所不在

聽到塑膠一詞時，大家會先想到什麼？應該會立刻想到寶特瓶、洗髮精瓶、電器產品外殼這些硬質塑膠材料，不過，塑膠袋、合成纖維、保麗龍等也全都是塑膠。

這麼看來，我們生活周遭真的存在著各式各樣的塑膠呢。但其實構成這些塑膠的主要元素不過就三種。

■ 輕元素構成塑膠

塑膠的主要成分是碳 C、氫 H 以及氧 O。

碳、氫、氧三種元素能有非常多樣的結合方式，這也是為什麼塑膠的表現能如此多變。因為每個元素的原子重量都很輕，與金屬和陶瓷材料相比，塑膠的共同特性就是相當輕盈。而我們身邊的產品能夠不斷變小、變輕，其實有部分因素必須歸功於塑膠的普及。

聚乙烯 $[(C_2H_4)_n]$	塑膠袋、雨傘袋、餐廳毛巾袋、零食包裝袋、食品用真空包裝袋
聚丙烯 $[(C_3H_6)_n]$	DVD盒、汽車零件、家電產品外殼、杯子或垃圾桶等雜貨
聚對苯二 甲酸乙二酯 $[(C_{10}H_8O_4)_n]$	寶特瓶、防飛沫隔板
丙烯酸樹脂 （壓克力） $[(C_5H_8O_2)_n]$	電子零件、道路標誌、鑰匙圈

■ 塑膠讓人意想不到的親戚？

塑膠是「**人工合成**」的「**高分子**」。所謂高分子，是指同一種分子不斷相連變成的巨大分子，感覺就像是很多一樣的零件環串連而成的鏈子。塑膠是以石油為原料人工合成的聚合物，濃稠液體狀的石油起化學變化後所誕生的產物。

世界上其實也存在著非人工合成的「**天然**」高分子。紙，就是來自天然植物的高分子（主要是纖維素）固化後所形成的物品。另外，像是木棉這類能從大自然取得的纖維也是天然的高分子材料。其他像是澱粉、蛋白質和DNA也都是天然高分子。

紙、棉其實跟塑膠一樣，都由碳、氫、氧所構成。換句話說

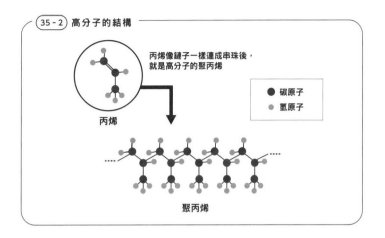

（35-2）高分子的結構

丙烯像鏈子一樣連成串珠後，
就是高分子的聚丙烯

● 碳原子
● 氫原子

丙烯

聚丙烯

塑膠和紙雖然一個人工、一個天然，不過兩者關係很緊密，就像親戚一樣。

■ 發明者獲得諾貝爾獎的特殊塑膠

西元2000年的諾貝爾化學獎，頒給了「**導電塑膠**」的三位發明者[1]。

其實只要利用手邊的寶特瓶做個簡單的實驗就可以知道，一般的塑膠無法導電。當然，紙也無法導電，這是我們對高分子聚合物的認知。

由此來看，導電塑膠可是凌駕於你我常識之上的發明。研究

---

[1]：2000年的諾貝爾化學獎頒給了美國的麥克戴密（MacDiarmid）、希格（Heeger）和日本的白川秀樹。

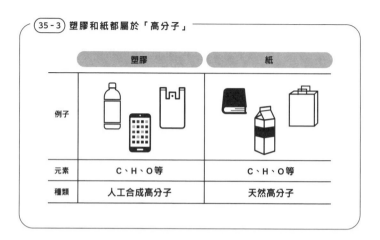

35-3 塑膠和紙都屬於「高分子」

	塑膠	紙
例子		
元素	C、H、O等	C、H、O等
種類	人工合成高分子	天然高分子

人員在一種名為聚乙炔的塑膠薄膜，加入極少量的碘蒸氣 $[I_2]$ 和五氟化砷 $[AsF_5]$，光是像這樣加入微量物質，就能讓聚乙炔的導電度飆升十億倍，變身成跟金屬一樣導電的塑膠。

隨著導電塑膠的研究發展，目前這類材質已經得以應用在影像播放器、觸控面板，以及電子零件等各個領域中。相信接下來我們一定能繼續開發出其他打破既有常識的塑膠，廣泛應用在日常生活中。

第 6 章

為生活帶來「光與顏色」的元素

36 「日光燈」使用後兩端變黑之謎

雖然LED燈的能見度愈來愈高，但目前最常見的照明器具應該還是日光燈。瓦數相同時，日光燈不僅比鎢絲燈明亮許多，壽命也更長。

■日光燈所含的材料

日光燈常見於我們生活當中，這是一種讓螢光物質吸收日光燈管產生的紫外線後，就能釋放出人眼可見光的燈具。那麼，日光燈使用了哪些材料呢？

日光燈是圓柱形狀的玻璃管，左右兩邊有著電極。電極是以鎢 W 製成的燈絲，結構可能是雙線圈或三線圈。當電流流過，燈絲就會釋放出熱電子。燈絲塗了能促進電極釋放電子的電子發射性物質，一般常見的物質為鋇 Ba、鍶 Sr、鈣 Ca 等元素的氧化物[1]。

日光燈的玻璃管中還會填入惰性氣體氬 Ar [2]和極少量的汞 Hg。當燈絲釋放出的熱電子與汞發生碰撞後，緊接著就會射出紫外線。

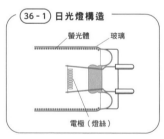

(36 - 1) 日光燈構造

螢光體　玻璃

電極（燈絲）

---

[1]：當這些物質耗盡，就不會再釋放電子，燈管的壽命也會跟著結束（無法點亮）。

[2]：氬容易啟動放電，還能預防燈絲劣化。

■ 借助螢光物質而得以發光

開啟日光燈時，從燈絲釋放出來的熱電子會高速碰撞玻璃管內的汞原子，讓汞原子產生紫外線。

不過，人眼只看得見介於紫色～紅色的光線（可見光），紫外線不在此範圍內，所以我們看不見[*3]。這時，塗抹在玻璃管內壁的螢光物質就扮演著很重要的角色。汞原子射出紫外線，玻璃管內壁的螢光物質吸收這些紫外線後，會變成可見光，接著朝燈管外側發射。因為是讓螢光物質發出光線，所以日光燈又可稱作「螢光燈」。

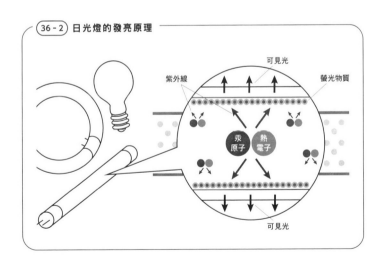

（36-2）日光燈的發亮原理

紫外線　可見光　螢光物質

汞原子　熱電子

可見光

[*3]：紫外線的特徵在於波長比可見光短，能量卻很高。

塗抹在燈管內壁的螢光物質又稱為螢光體，這些物質可以發出「光的三原色」，也就是紅、綠、藍三種光線，只要接收到外部光線刺激後就會發光。

　　螢光體可以分成有機螢光體和**無機螢光體**，製造燈管必須經過高溫達400～600℃的加溫過程，所以會使用接觸高溫也能維

（36 - 3）**光線的三原色與無機螢光體使用的元素**

藍色（Blue）

添加了鋇 Ba、
鎂 Mg、
鋁 Al、
氧 O 化合物、
＋2 價銪離子的物質
$[BaMgAl_{10}O_{17}:Eu^{2+}]$

紅色（Red）

添加了釔 Y、
氧 O、
硫 S 化合物、
＋3 價銪離子的物質
$[Y_2O_2S:Eu^{3+}]$

綠色（Green）

添加了鍶 Sr、
鋁 Al、
氧 O 化合物、
＋2 價銪離子的物質
$[SrAl_2O_4:Eu^{2+}]$

光線的三原色為**紅**（Red）、**綠**（Green）、**藍**（Blue），
紅光和綠光混合會變**黃色**（Yellow），
綠光和藍光混合會變**青色**（Cyan），
藍光和弘光混合會變**洋紅色**（Magenta），
紅綠藍光全部混合會變**白色**（White）。

→ 只要紅、綠、藍三色，基本上就能重現出所有顏色！

持完整不分解的無機螢光體。

■ 日光燈兩端變黑的原因

日光燈長期使用後，末端會變黑對吧，這是為什麼呢？

日光燈的黑化現象可分成「斑點狀黑化」和「環狀黑化」。

斑點狀黑化是會出現在電極附近，較靠近末端且清晰的黑化現象。點燈時塗抹在電極燈絲的電子發射性物質飛散而附著在管壁上。

環狀黑化則會出現在接近燈管末端處，並往燈管中央方向形成黑褐色的環。這是長時間點燈所造成的，點燈時電極的電子發射性物質蒸發，產生微量氣體後會與汞結合並附著管壁。

所以，日光燈的黑化會與塗抹在電極燈絲上的電子發射性物質和汞有關*4。

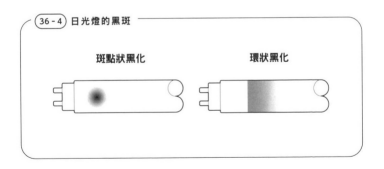

(36 - 4) 日光燈的黑斑

斑點狀黑化　　　　　　　　環狀黑化

＊4：以一支40瓦的直管日光燈來說，1975年的汞封入量約為50毫克，到了2007年則減少至7毫克左右。封入量雖然受《汞水俁公約》規範，但於日本國內銷售的產品都符合規範，所以目前仍持續製造、販售含汞的日光燈。

我們使用的照明工具一路從鎢絲燈發展成日光燈,近年更廣為普及的是以發光二極體(LED)為材料的照明,接著就讓我們來看看LED是怎麼發光的?

■ 什麼是LED?

LED又名「**發光二極體**」[*1]。

不同於鎢絲燈和日光燈,LED能直接把電能轉換成光能後發光,所以能量轉換效率會比鎢絲燈、日光燈更好(投入的電能轉換成光能之比例較大),更不需要燈絲或電子發射性物質這類消耗性物質,壽命也更長。

LED是將電子(負電性質)較多的n型半導體,以及電子不足且帶有電洞(正電性質)的p型半導體接合而成的元件。加入電壓後,電洞(+)與電子(-)這兩個半導體會在接合處結合,並釋放光能。

波長愈短,光能愈大,所以短波長的LED會釋放出龐大光能。以可見光區域的光線來說,波長由短到長分別是紫外光>紫光>藍光>綠光>紅光>紅外線。

製造半導體的化合物不同,LED釋放出的光色也會不同。以可

---

*1:LED為「light emitting diode」縮寫。

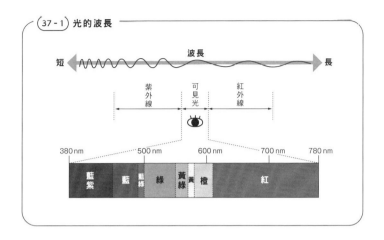

波長

短 ←————————————————————————→ 長

紫外線　　可見光　　紅外線

380 nm　　500 nm　　600 nm　　700 nm　　780 nm

| 藍紫 | 藍 | 藍綠 | 綠 | 黃綠 | 黃 | 橙 | 紅 |

見光來說，我們早在1990年代以前就已將紅光、黃綠光及橘光LED投入實際應用。1993年則是藍光LED，1995年甚至使與藍光同材料的綠光LED走上實用之路。以氮化鎵結晶為材料開發出實用藍光LED的功績更讓日本人獲頒諾貝爾物理學獎[2]。

　　藍光LED的普及堪稱跨時代的改變。隨著藍光LED的登場，人類便以嶄新方法，開發出更亮、更節能的白光LED。

■ LED燈泡的結構

　　LED燈泡是在LED芯片（LED結晶與螢光體等）施加電壓使其發光，並利用透鏡擴散光線，讓整顆燈泡變亮。

＊2：赤崎勇、天野浩、中村修二等多位日本研究學家都參與了藍光LED的開發。2014年，赤崎、天野、中村三人以「能夠實現更明亮、節能之白光照明的藍光LED開發」，獲頒諾貝爾物理學獎。

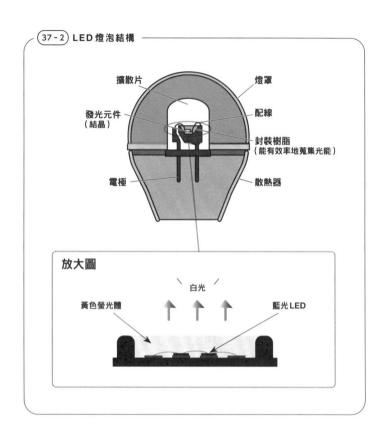

37-2 LED燈泡結構

擴散片

燈罩

發光元件
（結晶）

配線

封裝樹脂
（能有效率地蒐集光能）

電極

散熱器

放大圖

白光

黃色螢光體

藍光LED

　　鎢絲燈泡裡的鎢燈絲在高溫狀態時，表面的鎢原子會飛出，最後不再發亮，反觀LED不會有這樣的情況。不過，LED燈裡用來包覆LED芯片的樹脂（塑膠）會因為遇光及遇熱劣化。與鎢

絲燈、日光燈相比，LED燈的能量轉換效率雖然較佳，但只有三成的能量會變光能，其餘七成全是熱能，所以LED周圍的封裝樹脂也會跟著劣化。

■ 構成LED燈泡發光元件的元素

想要得到白光有兩種方法。第一是將藍光LED搭配螢光體的「單晶片」，以及用三原色3種LED做搭配的「多晶片」[3]。

目前使用的LED燈是在1996年開發而成，單純是以藍光LED讓黃色螢光體發亮的方式產生白光，屬單晶片法。製造時會在藍光LED芯片上方塗裝黃色螢光體。**藍光與黃光混合進入人眼後，看起來就會是白光。**

單晶片法所使用的LED多半會以氧化鋁 $[Al_2O_3]$ 為基板，搭配能發出紫外光、藍光、綠光等多元光色的氮化銦鎵（InGaN）。如此一來就能讓添加活化劑鈰 **Ce** 的鋁酸釔 $[Y_3Al_5O_{12}]$ 氧化物螢光體發出黃光[4]。

一般來說，LED燈的芯片基板元素為鋁 **Al**、氧 **O**，藍光LED則會使用到銦 **In**、鎵 **Ga**、氮 **N**，黃色螢光體則含有鋁、釔 **Y**、氧、鈰這些元素。

＊3：多晶片較常用在液晶面板。
＊4：有些單晶片產品則會使用紫外光LED與RGB螢光體。

38 令城市夜晚更繽紛的「霓虹燈」

惰性氣體的氖在低壓時會放電，並釋放出美麗閃耀的紅光，這也是霓虹燈發亮的原理。除了會發出最吸睛紅光的氖之外，霓虹燈還使用了哪些元素呢？

■ 霓虹管與霓虹燈的歷史

惰性氣體在常溫、常壓的環境下無色，可是如果將氣體封入大氣壓力為0.01～0.1的低壓玻璃管內，接著在裡面放入一對電極並加入電壓後，管內就會發光，這就是**霓虹管**（neon tube）的發光原理。我們將霓虹管進一步組裝製造後，誕生的產物就是路上常見的霓虹燈。

霓虹燈的色光中最明亮，且會發出紅光的是加入**氖Ne**的霓虹管。霓虹管又稱作氖管，但加了氖氣的燈管只會發出紅光，或是粉紅光與橘光。

西元1907年，法國人**克洛德**（Georges Claude）找到了將空氣降溫變成液態後，從中獲得大量**氬Ar**和氖氣的方法。接著他在三年後的1910年，發明出填裝了氖氣的霓虹管。而全球第一個以霓虹燈製作的廣告招牌，出現在1912年巴黎蒙馬特（Montmartre）大道上的一間小理髮店[*1]。

---

*1：根據《日本霓虹》（霓虹燈編纂委員會，1977年發行）指出，日本第一個霓虹燈招牌出現於1918年（大正7年），是位在東京銀座1丁目的谷澤皮包店（當今的銀座谷澤）。

■ 霓虹燈使用的惰性氣體

霓虹燈的主角，就是能發出亮麗紅色的氖氣。

大氣中含有18.2ppm的氖，在惰性氣體中，含量僅次氬，位居第二。乾空氣裡的氬含量則是排在氮N、氧O之後，接近1%。

含氖的霓虹管會發出紫色系光芒，如果將氬、汞**Hg**氣體封入管中，並在裡頭塗抹螢光物質，就能發出明亮的白光、藍光或綠光*2。想要呈現出更深的顏色，則可以搭配上色的玻璃管。

至於其他惰性氣體，氦**He**會發出黃色，氪**Kr**則是黃綠色。

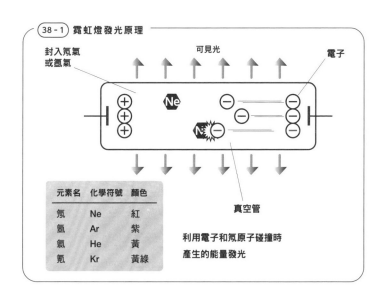

38-1 霓虹燈發光原理

封入氖氣或氬氣　　　可見光　　　電子

元素名	化學符號	顏色
氖	Ne	紅
氬	Ar	紫
氦	He	黃
氪	Kr	黃綠

真空管

利用電子和氖原子碰撞時產生的能量發光

---

*2：參照「36『日光燈』使用後兩端變黑之謎」。

39 夜間散發螢光的「夜光漆」

我們常見的「發光物」多半是利用電能發光，不過，鬧鐘指針使用的夜光漆可是不用電能就會亮，這又是為什麼呢？

■ 能量從哪裡來？

發光其實就是能量的釋放。「能量」不會憑空冒出，一定是從某個地方接收後，再釋放出來，發出光芒。夜光漆就是先在明亮的白天吸收**光能**，並緩慢且持續釋放，讓夜晚期間也能維持光亮。

能量從接收到釋放過程會出現時間延遲，讓人有種漆料能儲

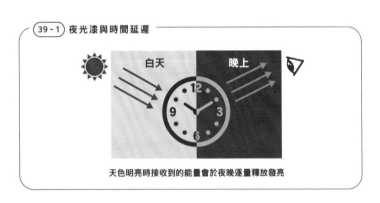

(39-1) 夜光漆與時間延遲

白天　　　　晚上

天色明亮時接收到的能量會於夜晚逐量釋放發亮

存光能的感覺，利用此原理發光的夜光漆又稱為「**蓄光漆**」。

夜光漆不用電力就能發光，所以常見於發生災害時的引導用光源、時鐘指針或盤面這些電力供應出狀況的情境*1。

■ 稀土元素的活躍

日本NEMOTO根本化學公司於1993年開發出名為Luminova的蓄光顏料，這是一款比當時既有產品更亮、發光時間更長的夜光漆*2。

此產品特性的關鍵在於業者使用了稀土元素，具體來說是在鋁酸鍶[$SrAl_2O_4$]中加入微量的銪 **Eu** 和釓 **Gd**，才開發出這項產品。

■ 舊時代的夜光漆

過去我們也曾使用放射性物質鐳 **Ra** 製造夜光漆。1917年生產夜光漆時，就是利用鐳原子釋放的**放射線能量**達到發光目的，不過這與現在的夜光漆原理可是天差地遠。使用鐳的夜光漆有個優點，就是在放射性物質的放射能衰減之前，能持續發亮好幾年。不過，持續釋出放射能卻也成了致命的缺點，當時美國就有工廠因為塗了夜光漆，導致許多女工輻射中毒*3。目前鐳也納入法規規範，所以已經不能再用鐳製造夜光漆。

---

*1：也會用在裝飾品或指甲油等時尚素材。

*2：耐候性表現也很優異，因此能用於戶外。

*3：在勞權法庭上抗爭的女性作業員們又稱為鐳女孩（Radium Girls），此事件也獲得各方關注。

40 夏日「煙火秀」的發光機制

說到夏天，當然少不了煙火。日本進入夏天後，就會在全國各地舉辦煙火大會。煙火能綻放出美麗顏色，都要多虧各種元素發揮作用。

■日本施放煙火的歷史

點綴夏季夜空的煙火秀，在今日已成為世界各地可見的盛大活動。煙火的發祥地源自中國，人類在九世紀時發明黑火藥，除了可用來製作武器外，據說也藉由火藥的爆破聲，讓慶典變得更加熱鬧。順帶一提，黑火藥是以硝酸鉀、硫、木炭三種成分混合製成。

黑火藥在十九世紀中期以前的歐洲都是作為武器使用，並於西元1543年鐵炮傳至種子島時進入日本。日本在江戶時代開始施放煙火，到了今天所使用的煙火也是以黑火藥製成*1。

施放煙火時，會把一種名為「光珠」（星）的火藥球裝在紙製的「球殼」裡，藉由火藥的推力發射至空中。發射時，會點燃導火索，讓煙火朝高空發射，過程中導火索會點燃火藥球裡的火藥，使球體爆裂開來。當「球殼」破裂後，「光珠」就會在天空中飛散開來。

＊1：江戶時代的煙火不像現在這般繽紛多色，當時的煙火又稱和火，只有火焰的顏色和硫燃燒後的深藍色。

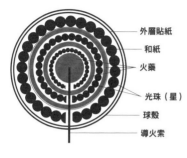

40-1 煙火剖面圖與各種金屬元素的焰色反應

外層貼紙
和紙
火藥
光珠（星）
球殼
導火索

天空炸花類煙火的剖面

光珠（星）：讓煙火發光，火藥與金屬元素的化合物
火藥　　　：讓光珠飛散到四面八方的材料
球殼　　　：裝有煙火零件的厚紙容器

元素名	化學符號	顏色
鋰	Li	洋紅色
鈉	Na	金黃色
鉀	K	淡紫色
銫	Cs	靛色
鈣	Ca	磚紅色
鍶	Sr	血紅色
鋇	Ba	蘋果綠色
銅	Cu	藍綠色
硼	B	蘋果綠色

　　「光珠」飛散時，鍶 **Sr**、鈉 **Na** 等金屬元素化合物，就會因為焰色反應產生顏色；而鋁 **Al**、鎂 **Mg** 的金屬粉末，則能增加閃耀的亮白色。煙火顏色的變化會隨著「光珠」火藥的結構層依序燃燒。

■ 賦予煙火顏色的金屬元素

　　含有特定金屬元素的物質經高溫加熱後，就會依元素種類釋放出不同光芒。這種現象稱為**焰色反應**。

煙火的紅色是使用鍶的化合物（硝酸鍶、碳酸鍶），綠色是硝酸鋇或氯化鋇。黃色則使用了鈉的化合物，以硝酸鈉[2]最普遍。藍色主要來自銅 Cu 的化合物（碳酸銅、硫酸銅等）[3]。

順帶一提，煙火閃耀的亮白光其實不是焰色反應，它主要來自鋁、鎂、鈦 Ti 等金屬粉末，這些粉末和煙火裡的氧化劑混合後會起劇烈反應，形成氧化物並釋出大量熱能。讓這些金屬微粒子處於極高溫[4]，發出閃耀白光。

■ 身邊隨處可見的焰色反應

焰色反應其實時時刻刻出現在你我的生活周遭。像是味噌湯煮沸溢出鍋外時，瓦斯爐的火焰就會從原本的藍色變成橘色，這正是因為味噌湯含有鹽（氯化鈉），而鹽裡頭的**鈉引起焰色反應**所致。

除此之外，有了家中的某樣物品，我們還能目睹罕見的綠色火焰。這時需要準備保鮮膜等聚氯乙烯產品（保鮮膜的原材料主要是聚二氯亞乙烯）。

首先準備一根大約20公分長的銅線（裸銅線），先用鉗子將末端夾出一個圓形。接著瓦斯爐點火，將銅線的末端靠近火焰，加熱直到變成紅色。銅線變成紅色後就可以離開火源，接著再用力壓在食物用保鮮膜，或是橡皮擦等聚氯乙烯等產品上。接

---

[2]：氯化鈉易受潮，不適合使用。
[3]：紅、綠、黃、藍以外的顏色可利用各種不同的化合物調製出來。像是混合了鍶與銅的化合物後，就會變成紫色。
[4]：據說可達3000℃。

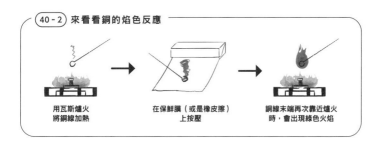

40 - 2　來看看銅的焰色反應

用瓦斯爐火
將銅線加熱

在保鮮膜（或是橡皮擦）
上按壓

銅線末端再次靠近爐火
時，會出現綠色火焰

下來再次將銅線靠近爐火，這時應該就能看見不同於爐火的綠色火焰。

　　銅加熱後，會與保鮮膜或橡皮擦所含的氯起反應，變成氯化銅。銅線末端形成的微量氯化銅再進入火焰中的話，內含的銅元素就會出現焰色反應[5]。

■ 隧道的橘色照明

　　路上隧道內的照明是使用**鈉燈**。

　　鈉燈是一種會在鈉氣體中放電，藉此發出橘色暖光的照明燈具。能源轉換效率佳，相當普及於道路、工廠、商業設施等講求節能的地點。[6]

　　鈉燈之所以會發出橘光，基本上**原理和鈉化合物的焰色反應相同**。高能量狀態的鈉原子回到穩定的低能量狀態時，就會釋放出橘色波長的光線。

＊5：這個方法可用來辨別塑膠成分中是否含氯。
＊6：鈉燈光線對於霧霾也具備相當的穿透性，且不易使眼睛疲勞。

41 紅寶石和藍寶石其實都一樣？

人類自古就深受紅寶石、藍寶石、綠寶石、鑽石這些美麗的寶石所吸引。就讓我們站在元素觀點，來瞧瞧寶石之美吧。

■ 紅寶石和藍寶石是一樣的石頭？

引言提到的四種寶石中，紅寶石和藍寶石都是來自一種名叫「剛玉」的礦石。不過，一個紅色、一個藍色，究竟為何會有如此大的差異呢？

剛玉的成分是氧化鋁[Al_2O_3]，純的氧化鋁無色透明，所以只要參入微量的雜質就會變色。**紅寶石**帶有微量的鉻 **Cr**，所以看起來是紅色；**藍寶石**帶有微量的鈦 **Ti** 和鐵 **Fe**，所以是藍色。

■ 寶石的結構與顏色

把寶石分成「結構元素」和「成色元素」來思考可能會比較容易理解。就算結構元素一樣，只要成色元素相異（也就是外觀看起來完全不同），就會被視為不同的寶石。

一般都是因為金屬元素參雜其中，才會讓礦石有了顏色[*1]，但還是有些寶石不帶有會生成顏色的金屬。像鑽石就是很典型

[*1]：這種情況雖然不多見，但的確存在著不是由非金屬元素成色的寶石，其中最有名的是帶有美麗藍色的青金石（Lapis Lazuli）。群青色（Ultramarine）就是以青金石製成的顏料色。參照「43『繪畫顏料』裡的元素」。

的例子，**鑽石的結構元素是碳，不含任何雜質且無色**[*2]。

(41 - 1) **寶石與元素的關係**

寶石	顏色	結構關鍵元素	成色元素
紅寶石	紅	鋁、氧 （剛石）	鉻
藍寶石	藍		鈦、鐵
粉紅藍寶石	粉紅		鉻
紫藍寶石	紫		釩
綠寶石	綠	鈹、鋁、矽、氧 （綠柱石）	鉻、釩
海藍寶	藍		鐵
金綠柱石	黃		鐵
水晶	-	矽、氧 （石英）	-
紫水晶	紫		鐵
煙水晶	黑		鋁
青金石	藍	矽、氧、鈉 （矽酸鈉）	硫
鑽石	-	碳 （鑽石）	-

■ 寶石顏色・高級篇

說到顏色，有些寶石之間的關係會稍微顯得複雜了些。

紅寶石和綠寶石雖然都是靠鉻顯色，但是一個紅、一個綠，顏色完全不同。這是因為**綠寶石**的原石為綠柱石[*3]，而紅寶石為剛玉。

[*2]：鑽石的光線折射率極高，就算不帶有顏色也相當美麗，深受人們喜愛。
[*3]：綠柱石是主成分為鈹和鋁的六方柱形礦石。

海藍寶和綠寶石都是綠柱石中夾帶著微量鐵的礦物，但顏色卻是一藍一黃，相差甚遠，這是因為兩者的鐵離子處於不同的狀態*4。

　　粉紅藍寶石是一種剛玉中混入了鉻元素的礦物，看起來是粉紅色。粉紅藍寶石和紅寶石的組合模式雖然一樣，裡頭**所含的鉻量卻不同**。紅寶石的含鉻量已經非常少了，隨著含量繼續降低，紅色也會愈變愈淡，當顏色變成粉紅色時，就換個名稱，改叫粉紅藍寶石。

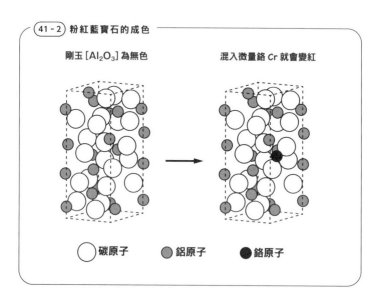

(41-2) **粉紅藍寶石的成色**

剛玉 [Al_2O_3] 為無色　　　　　　混入微量鉻 Cr 就會變紅

○ 碳原子　　　○ 鋁原子　　　● 鉻原子

---

*4：海藍寶的成色來自2價鐵離子，綠寶石則來自3價鐵離子。

42 章魚和烏賊的血為什麼是藍色？

當我們受傷時，身體會流出紅色鮮血，不過，章魚和烏賊的血卻是藍色的，這究竟是怎麼回事呢？

■鐵讓血液變成紅色

血液的紅色來自一種名叫「**紅血球**」的血液細胞。紅血球長得就像水球，裡頭含有大量名為**血紅素**的蛋白質。血紅素的部分結構由「**血基質**」（heme）組成，而血基質本身帶紅色。換句話說，因為血基質的關係紅血球是紅色，進而使血液也是紅色。

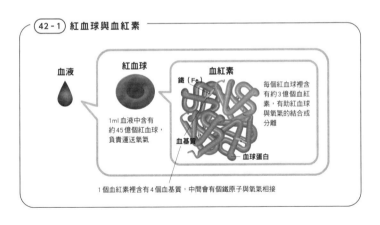

(42-1) 紅血球與血紅素

血液

紅血球

1ml 血液中含有約45億個紅血球，負責運送氧氣

血紅素

鐵（Fe）

血基質

血球蛋白

每個紅血球裡含有約3億個血紅素，有助紅血球與氧氣的結合或分離

1個血紅素裡含有4個血基質，中間會有個鐵原子與氧氣相接

血基質的構造特殊，中心由有機物構成，裡面含有鐵 **Fe** 原子。也因為鐵的關係，血液才會變紅色。基本上所有脊椎動物都有紅血球，所以哺乳類、魚類的血液皆為紅色。

■ 鐵會運送氧氣

紅血球是負責在體內運送氧氣的細胞，當我們呼吸吸入氧氣後，會通過肺部，接著被血液吸收。氧氣來到紅血球後，會與血基質的鐵原子結合。氧氣必須是和血基質結合的狀態下，才能透過動脈血管，從心臟運送流至身體每個角落，當紅血球抵達目的地後，血基質就會與氧氣分離。接著，血液又會帶著卸下氧氣的血基質從靜脈血管流回心臟，並再次前往肺部。

與氧氣結合的血紅素是**鮮豔的紅色**，但釋放氧氣後會變成**暗淡的紅褐色**[1]。

鐵就是這樣把氧氣運送到身體的各個角落，所以對我們來說非常重要呢[2]。

---

[1]：當我們受輕傷時會先看到靜脈的血液，也因為裡頭的血液已經釋放掉氧氣，所以是暗淡的紅褐色。

[2]：含大量鐵質的食物有肝臟、紅肉、魚貝類、大豆、蔬菜、海藻等。想讓氧氣順利運抵身體各處的話，就必須多吃這些食物，攝取充足鐵質。

▌章魚和烏賊是靠「銅」運送氧氣

接著來看看章魚和烏賊的血吧。

這些動物的血液中沒有紅血球,但血液無法吸收氧氣的話也很麻煩,這時登場的是血液中所含的蛋白質「**血藍蛋白**」(hemocyanin)。血藍蛋白和血紅素一樣,都能與氧氣結合或分離,藉此在體內運送氧氣,但比較特別的是,血藍蛋白與氧結合的元素是銅 **Cu** 而非鐵。

血藍蛋白和氧結合後會變藍色,所以活體章魚和烏賊在血液運送氧氣的過程中,身體裡的血液會呈現藍色。不過,我們平常食用的都是已經捕撈多天,血液中的血藍蛋白早已不含氧氣的烏賊。血藍蛋白沒有與氧氣結合時是無色透明的,這也是為什麼我們很難親眼看見章魚或烏賊的藍血。

▌不同生物,各有不同的氧氣輸送法

除了血紅素和血藍蛋白,像是蚯蚓等環節動物具備的血綠蛋白(chlorocruorin),或海中無脊椎動物可見的蚯蚓血紅蛋白(hemerythrin),這些蛋白質也都能運送氧氣。

生物可是會依照自身所處的生活環境,活用各種蛋白質來吸收氧氣[*3]。

---

*3:1950~1970年代興起了一股海鞘(海鳳梨)的生物化學研究,當時學者們猜測,海鞘血液中含釩的蛋白質「血釩蛋白」(hemovanadin)可能就是搬運氧氣的蛋白質因而備受關注。目前我們尚未釐清血釩蛋白這種蛋白質究竟有何作用,但已知的是血釩蛋白並不會運送氧氣。

「繪畫顏料」裡的元素

人類從好久好久以前就懂得使用各種繪材，畫出多彩繽紛的畫作。這裡讓我們稍微換個角度，從元素的觀點切入探討顏料與繪畫吧。

■ 塗料是什麼？

塗料是以「**色劑**（顏色的原料）」和「**展色劑**」混合製成。展色劑是指將色劑固定在畫圖紙或畫布時的黏著劑。就算使用的色劑相同，只要搭配不同的展色劑，就能製造出水彩顏料、油畫顏料、色鉛筆、蠟筆等多種繪畫材料。

色劑可分成「**染料**」和「**顏料**」。**染料是可溶於水或油等溶劑的色劑，顏料則無法溶於溶劑**，塗料所用的色劑大多為顏料。

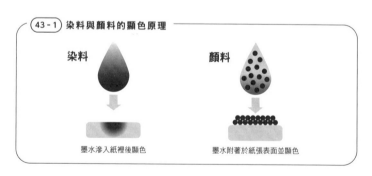

43-1 染料與顏料的顯色原理

染料

顏料

墨水滲入紙裡後顯色

墨水附著於紙張表面並顯色

＊1：名為「普魯士藍」的顏料是江戶時代的歌川廣重和葛飾北齋用於浮世繪的顏料，同時也能作為鉈中毒時的解藥。參照「25 無砷時代下的天賜之毒──鉈」。

染料基本上都是有機化合物，主要由碳 **C**、氫 **H**、氧 **O**、氮 **N** 組成，但顏料較常使用含金屬元素的無機化合物，涵蓋的元素也比染料更加多元。

■ 應用在顏料中的元素

　　人類自古就已經學會利用各種顏料。

　　需要紅色時，可以用汞 **Hg**、鉛 **Pb**、鐵 **Fe** 等氧化物或硫化物。神社建築裡所見的紅色基本上一定是來自於汞、鉛、鐵其中一種元素。

　　藍色多半會運用銅 **Cu** 或鈷 **Co**，另外還有來自鐵或鉀 **K** 化合物的普魯士藍[1]、含釩 **V** 的青綠色（turquoise blue）以及來自硫 **S** 的群青色[2]。

　　綠色和藍色一樣都會使用銅化合物。鉻綠色（Viridian）這種顏料則是靠鉻 **Cr** 來顯色。

　　黃色必須使用鎘 **Cd**、鉍 **Bi**、鉻等較獨特的元素來顯色[3]。

　　另外，白色會使用鈦 **Ti**、鋯 **Zr**、鋅 **Zn** 的氧化物，或是鋁 **Al**、鉛的氫氧化物。

　　黑色顏料的話，最知名的是以碳顯色的**石墨黑**。用水稀釋後就是我們寫書法時會用到的墨汁，對日本人而言更是極為熟悉的顏料。

---

*2：使用群青色的知名畫作還有維梅爾的《戴珍珠耳環的少女》。
*3：使用鉻黃色的知名畫作有梵谷的《向日葵》。畫作本身看起來雖然是帶點綠的暗淡黃色，但這是因為部分的鉻黃經長年劣化後，化學變化成綠色顏料的鉻綠。

■ 隨時代變遷消失的顏料

不少顏料過去雖然很受歡迎，但基於安全因素，最近變得愈來愈少見，甚至不見蹤跡。

十九世紀的歐洲曾經流行過一種名叫「巴黎綠」(Paris Green)的綠色顏料，銅的顯色漂亮，因此極受歡迎，但其實巴黎綠含有大量的砷 **As**，所以使用的人愈來愈少[4]。

日本自平安時代就開始使用的化妝品「白粉」則是以鉛化合物製造的白色顏料。不過到了明治時代，鉛中毒的議題開始受到重視，再加上替代品的問世，人們也就不再使用白粉[5]。

目前其實都還看得見含有鉻、鎘、鉛、汞等元素的顏料，不過基於環保和安全理由，已開始出現避免使用的趨勢，這些顏料在不久的未來或許也會被禁用。

■ 顏料不只現身於繪畫材料

除了繪材，其實像塑膠上色時也會使用顏料。塑膠的原色是白色或無色透明，射出成型前拌入顏料的話，就能做出顏色繽紛的產品。影印機所使用的印刷墨水也是靠顏料顯色。我們常觸碰到這類印刷物，所以在安全考量下，會使用有機顏料。

顏料能被應用在各種範疇，目前更順應不同目的，開發出各式各樣的顏料[6]。

---

[4]：關於砷的毒性請參照「24 既存於體內，卻又帶毒性——砷」。
[5]：關於鉛的毒性請參照「19 煉金術與受毒性所累的汞和鉛」。
[6]：《色と顏料の世界》(顏料技術研究会編，三共出版，2017) 所列出的數量有229種。

第 **7** 章

「 便 利 生 活 」 擔 當
要 角 的 元 素

電線的材料是銅，高壓電纜呢？

我們身邊常見的電線，是使用金屬導電率排名第二的銅製成。不過，高壓電纜卻是用鋁製成。為什麼會使用不同的材料呢？

■ 金屬的電阻率

電器產品、電源插座等有電流經過的部分（導線）會使用到金屬。因為電流較容易通過的關係，所以都會以金屬作為導線。不過，電流的順暢度將取決於金屬種類。

金屬的電阻與導體長度成正比，與截面積成反比。如果有兩條長度和截面積（粗度）一樣的導線，一條材質是銅 **Cu**，另一條是鋁 **Al**，投入相同電壓時，鋁的電流會比銅小。因為就算導線長得一樣，只要材質不同，電阻（Ω）就會不同。當電阻率（或稱比電阻，單位是 Ω・m）愈小，電流就愈容易通過*1。

表44-1是溫度20℃時電阻率較小的金屬排序，由結果可知，銀是電流最容易通過的金屬。

■ 電線和高壓電纜使用的金屬為何不同？

不過，我們身邊可見的導線裡所使用的金屬材料是銅，不

---

*1：假設導線長L［m］、截面積［m^2］，電阻R［Ω］在電阻率為 ρ（中文音譯「柔」）時如下：

$$R = \rho \frac{L}{S}$$

	金屬	電阻率 ρ（$\Omega \cdot m$）20℃
1	銀	1.59×10^{-8}
2	銅	1.68×10^{-8}
3	金	2.44×10^{-8}
4	鋁	2.65×10^{-8}

是銀 **Ag**。這是因為假若使用銀的話，成本會變得非常高，而且銅的導電度也相當不錯。試著比較電阻率的大小，與銀的 1.59×10^{-8} 相比，銅是 1.68×10^{-8}，以比例來說，銅的表現是銀的95％，其實差異不大。

排名第四的鋁則是高壓電纜的材料。**鋁重量輕，價格是銅的三分之一**，能壓低電線成本。

高壓電纜會通過大量電流，所以電線（導線）必須夠粗。當電流一樣大的時候，銅線會比較重，那麼勢必要縮短輸電塔的間隔距離。如果換成重量輕的鋁，不僅能拉長輸電塔間距，還能壓低成本呢。

■電線材質也逐漸換成鋁線

日本關西電力公司在更新輸電線時，採用了「鋁製電線」，自2016年起正式將銅線變更為鋁線。雖然高壓電纜從以前開始就幾乎使用百分之百鋁線，但其他電線多半為銅線，而關西電力在進行的即是替換為鋁線的作業，其中最大的考量因素就是價格優勢。

不過，鋁的導電性劣於銅，所以要改用鋁的話，必須加粗鋁線直徑，而風壓也可能導致電線杆強度不足。針對風壓問題，我們發現可以仿效高爾夫球，在電線表面做凹凸加工，降低風阻，如此一來就能沿用既有的電線桿，順利切換成鋁製電線。

(44-2) 金屬價格比較（以 1 kg 為單位的概算）			
金	Au	620萬日圓	
銀	Ag	9萬日圓	
銅	Cu	1千日圓	
鋁	Al	230日圓	

（2021年3月價格）

■ 為什麼端子要鍍金？

如果是價格昂貴的耳道式或耳罩式耳機，與影音設備相接的銅製端子可能會鍍金 **Au** 加工。為什麼需要特別鍍金呢？

金屬導電度排名依序為銀、銅、金、鋁，不過有個大前提，那就是必須是純金屬。銅如果能像導線一樣有絕緣體（非導體）包覆的話，表面就不易氧化，但萬一沒辦法像端子一樣有外物包覆，就必須想些方法預防氧化，而這個方法就是在表面電鍍。

銀與空氣中的硫化氫氣體結合後，很容易形成暗黑色的硫化銀薄膜，不適合用來電鍍端子[2]。

再加上耳機這類用品必須經常插入或拔出插孔，因此會希望盡量使用不易造成表面變化的金屬來電鍍。

金不僅容易導電，也很耐表面腐蝕，所以有些高價位的耳機端子會鍍金。電鍍時會在金混入鈷 **Co** 或鎳 **Ni** 來提高硬度。

所以啦，並不是為了看起來比較高級才鍍金的[3]。

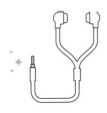

---

[2]：硫化氫不只會出現在火山或溫泉地，水溝大排這類地點也會在厭氧微生物的作用下產生硫化氫。硫化氫薄膜會讓原金屬的導電度變差許多。

[3]：因為金的這個特性，其他電子產品的連接處也可能使用金，如果不是鍍金，就會是鍍錫。

45 「乾電池」如何釋放電？

以前說到乾電池，多半是指碳鋅電池，不過現在的主流已是電力既強又持久的鹼性電池。接著讓我們來看看這些電池是怎麼發電的吧。

■一次電池（拋棄式）與二次電池（充電式）

電池大致上可區分成太陽能電池等物理電池以及乾電池等化學電池。化學電池是藉由物質的化學變化獲得電力，所以電池裡裝填了能產生化學變化，形成電能的物質。

化學電池又可細分成一次電池（拋棄式）和二次電池（充電式）。一次電池大體可分成碳鋅電池和鹼性電池（鹼性鋅錳電池）。

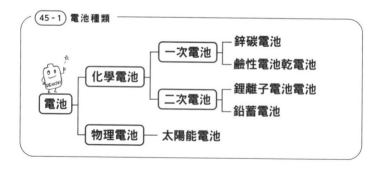

45-1 電池種類

只要是使用乾電池的設備，幾乎都會建議選用鹼性電池。因為鹼性電池的電力強又持久，適合用在以馬達驅動的設備或需要穩定供電的電子儀器。

反觀，碳鋅電池在沒有使用（休息）的情況下擁有強大的恢復力，適合用在只需按下按鈕就能發射出紅外線的遙控器*1。

■ 一次電池的結構

電池由三個部分組成，分別是接收電子的正極、釋放電子的負極，還有電解質*2。

碳鋅電池中間有成分為碳 **C**（石墨）的集電體（能匯集電子），周圍則是由正極的二氧化錳與碳粉、氯化鋅水溶電解液混合製成的糊狀物，最外層包覆了負極的鋅 **Zn**。

鹼性電池和碳鋅電池一樣中間是集電體，正極和負極也分別是二氧化錳及鋅，不過電解質採用了強鹼的氫氧化鉀水溶液，集電體的材質則是黃銅（銅鋅合金）。另外，內部結構也不相同。鹼性電池集電體的周圍充填了負極鋅粉與氫氧化鉀水溶液混合製成的糊狀物，所以集電體相當於負極端子。鋅粉等糊狀物質和正極的二氧化錳之間有隔離板加以區隔。金屬外殼會將來自負極的電子傳遞給正極的二氧化錳。

無論過去還是現在，二氧化錳和鋅都是乾電池電極材料的主

---

*1：參考來源：『図解 身近にあふれる「科学」が3時間でわかる本』（明日香出版社），「06碳鋅電池和鹼性電池有何不同」。

*2：這裡的正極、負極準確來說應該是正極活性物質和負極活性物質。活性物質係指能實際接收、釋放電子的物質。

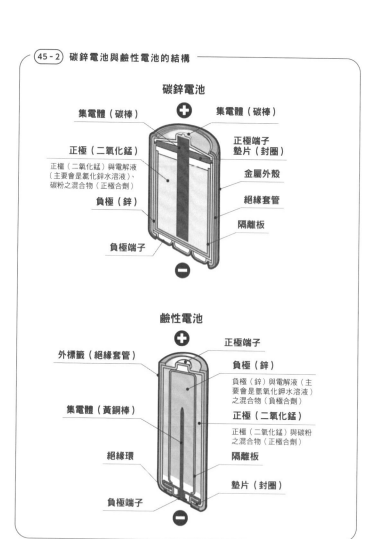

碳鋅電池

➕

集電體（碳棒）　　　　　　集電體（碳棒）

正極（二氧化錳）

正極（二氧化錳）與電解液
（主要會是氯化鋅水溶液）、
碳粉之混合物（正極合劑）

正極端子
墊片（封圈）

金屬外殼

絕緣套管

負極（鋅）

隔離板

負極端子

➖

鹼性電池

➕

正極端子

外標籤（絕緣套管）

負極（鋅）

負極（鋅）與電解液（主
要會是氫氧化鉀水溶液）
之混合物（負極合劑）

集電體（黃銅棒）

正極（二氧化錳）

正極（二氧化錳）與碳粉
之混合物（正極合劑）

絕緣環

隔離板

墊片（封圈）

負極端子

➖

流。因為好取得、價格漂亮，再加上較不會造成環境污染，一直具備相當優勢。

鹼性電池的主要元素包含了正極二氧化錳的錳 **Mn**、氧 **O**，負極的鋅，氫氧化鉀電解液的鉀 **K**、氧和氫 **H**。分開負極物質和正極物質的隔離板使用了特殊紙，成分中包含了碳 **C**、氫、氧元素。集電體雖然是黃銅加上電鍍，但主要成分還是黃銅的銅 **Cu** 及鋅。

把乾電池的正極和負極與燈泡或馬達串連形成迴路後，負極的鋅會釋放電子，變成鋅離子。電子順著迴路來到正極，正極的二氧化錳接收了電子就會起變化。

有了電子的移動，就能點亮燈泡囉[3]。

■ 為乾電池充電的話會發生什麼事？

將碳鋅電池充電的話，正極會產生氯，負極會產生氫，且無法回到原本狀態，甚至有可能因此破裂。至於鹼性電池充電後正極會產生氧，負極會產生氫，同樣有危險。

---

[3]：電子會順著迴路從負極移動至正極，但電流的情況相反，會視為從正極流到負極。

46 可以反覆充電的「鋰離子電池」

手機、筆電、平板等尺寸小，卻會消耗大量電力的裝置愈來愈多。這些產品基本上都少不了一樣東西，那就是鋰離子二次電池。

■二次電池＝可以充電的電池

充電後就能再使用的電池名叫**二次電池**或**蓄電池**^{圖45-1}。

自古最常見的二次電池為**鉛蓄電池**，到了今日仍是車用電池的主流。另外還有小型輕盈的密閉式電池，常見於事務設備、通訊設備等攜帶型電池種類，但這類電池有個缺點，那就是長時間放置不去使用的話，會很容易劣化。

後來，人們接連開發出鎳鎘電池、鎳氫電池等輕巧高性能的二次電池，但目前最普及的電池就屬**鋰離子二次電池**（一般會直接稱鋰電池）*1。鋰電池不僅應用在行動裝置，現在更能搭載於電動車上。

■鋰的特性與電池結構

仔細觀察鋰電池的結構，當電子在電解液裡移動時，鋰離子扮演著非常重要的角色。

---

*1：鋰電池的原型出自旭化成榮譽研究員吉野彰之手，他也因為這項成就，於2019年獲頒諾貝爾化學獎。

鋰電池內部可分成貯存鋰離子的負極，以及和鋰反應後會接收電子的正極，充電與放電（使用電池的過程）時，鋰離子會以電解液為媒介旺盛活動。

　　接著來舉一個正極、負極和電解液的例子。以元素來說，除了基本的鋰 Li、鈷 Co、氧 O、碳 C、氫 H 之外，集電體會使用銅箔 Cu*² 。隔離板和絕緣體也包含了其他元素。

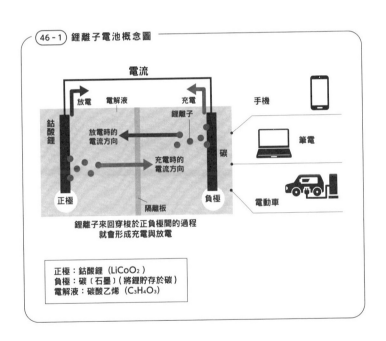

46-1　鋰離子電池概念圖

電流

放電　電解液　充電

鈷酸鋰

放電時的電流方向

鋰離子

充電時的電流方向

碳

手機

筆電

電動車

正極　　隔離板　　負極

鋰離子來回穿梭於正負極間的過程
就會形成充電與放電

正極：鈷酸鋰（$LiCoO_2$）
負極：碳（石墨）（將鋰貯存於碳）
電解液：碳酸乙烯（$C_3H_4O_3$）

---

*2：正極鈷化合物中的鈷是稀有金屬，所以目前正在研究是否能以資源更豐富且便宜的鐵化合物來代替。

■ 安全措施與火災意外

鋰離子的電解液不是水溶液，而是乙烯類有機溶劑。使用水溶液的話，在某些電壓條件下可能會造成分解，所以必須使用不易分解的有機溶劑。

不過，鋰離子使用的有機溶劑具可燃性，若遇到過度充電、短路、異常充放電、過度加熱等情況，就很有可能燃燒或爆炸。對此，鋰電池會內建一個當內部壓力上升時，可阻斷電流的安全閥*3。另外更搭載了精密的控制模組，預防過度充電。

2006年，許多大廠販售的筆電就曾出現使用過的鋰電池有起火及異常過熱的疑慮（實際上還曾引發火災），因此將產品大批量召回（自主回收、無償更換）*4。

當然，業者們為了避免再遇到上述情況，現在都已採取更有力的安全措施，基本上不會再發生這類問題。

(46-2) **鋰電池的優點與缺點**

優點	缺點
・電池尺寸可以更小、更輕 ・大容量，充電快速，可重複使用 ・壽命長	・發熱或高溫可能會因此起火 ・需要投注成本在安全措施

---

*3：安全閥位於電池正極凸起處，當壓力高於某個數值，就會由此將氣體釋放至外部。
*4：在那之後也偶爾會發生起火事故。2010年甚至有一架載了許多鋰電池的貨機因貨艙起火導致墜機。

47 液晶和OLED面板的元素

智慧型手機在這10年左右成了手機的主流，電視也逐漸發展成液晶和OLED顯示器。當中又使用了哪些元素呢？

■ 液晶顯示器的構造

一片液晶顯示器是由非常多層的素材堆疊而成。位於中心的液晶盒（cell）是由「偏光板＋［玻璃基板＋透明電極＋液晶＋透明電極＋玻璃基板］＋彩色濾光片＋偏光板」構成，背後則有會發出白光的背光板。

玻璃基板含有矽 **Si**、鈉 **Na** 和鈣 **Ca**，透明電極則帶有銦 **In**、錫 **Sn** 元素[1]。偏光板及彩色濾光片皆由樹脂（塑膠）製成，包含了碳 **C**、氫 **H**、氧 **O** 元素[2]。背光板多半會使用白色LED，元素組成為鋁 **Al**、鎵 **Ga**、釔 **Y**、鈰 **Ce** 等[3]。

■ 液晶是用什麼製成的？

液晶的狀態介於「**液體與固體之間**」，它沒辦法像液體的分子一樣，能隨心所欲地決定位置及方向，卻也不像固體，分子會整齊排列，液晶分子的排列狀態會比較鬆散。並非所有物質都

＊1：參照「34千變萬化的『玻璃』構成元素」、「55讓影像播放不留殘影──銦」
＊2：參照「35『塑膠』和『紙』其實是親戚？」
＊3：參照「37『LED』與日光燈的照明原理」

能呈現液晶狀態，能處於液晶狀態的物質又名叫液晶材料、液晶分子或單純稱作液晶。

液晶分子為有機化合物，構成元素包含了碳、氫、氧以及氮N。其實液晶顯示器的材料不只一種，而是使用了近十種的混合液晶材料。

液晶的排列方式鬆散，加熱或施予電壓就能改變排列方向，接著搭配背光板調整透光度，便能顯現出影像。

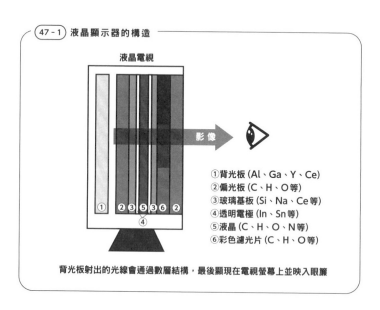

47-1 液晶顯示器的構造

液晶電視

影像

①背光板 (Al、Ga、Y、Ce)
②偏光板 (C、H、O等)
③玻璃基板 (Si、Na、Ce等)
④透明電極 (In、Sn等)
⑤液晶 (C、H、O、N等)
⑥彩色濾光片 (C、H、O等)

背光板射出的光線會通過數層結構，最後顯現在電視螢幕上並映入眼簾

▌OLED顯示器

與無機化合物所構成的一般LED（發光二極體）相比，電激發光（Electro-Luminescence）使用了**有機化合物**，因此又被稱為「有機電激發光」（或稱有機發光二極體）。

OLED顯示器的結構表現優於液晶顯示器，所以從側邊也能清楚看見影像；再加上反應速度流暢迅速，呈現出來的影像特別美麗。OLED顯示器的厚度非常薄，連帶重量輕，也因此被應用在智慧型手機上。

OLED由有機化合物組成，主成分為碳與氫，不過，有時分子中也會搭配氧、氮、硫S、矽、鋁等元素。

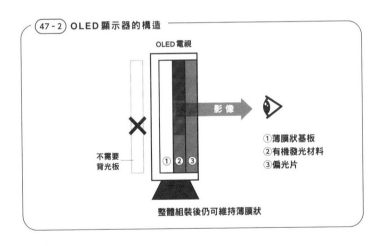

(47-2) **OLED顯示器的構造**

OLED電視

影像

①薄膜狀基板
②有機發光材料
③偏光片

不需要背光板

整體組裝後仍可維持薄膜狀

■觸控面板、電池與電容器

智慧型手機和電視畫面最大的差異在於前者搭載**觸控面板**。手機的觸控面板為電容式（capacitive type），是透過生物電性來檢測有無觸碰行為及觸碰的位置。這項技術中使用了銦和錫的氧化物作為透明電極。

智慧型手機搭載了**電池**，也就是使用鋰 **Li** 的鋰離子電池[*4]。不僅重量輕、容量大，安全性表現也相當突出。

開發攜帶式裝置時，輕量化是非常重要的課題。電子零件之一的**電容器**[*5]也不例外。電容器要愈做愈小，就必須使用到一種我們平常較陌生的元素鉭 **Ta**。使用鉭的電容器不僅輕巧，還具備高性能，是智慧型手機不可或缺的元素。

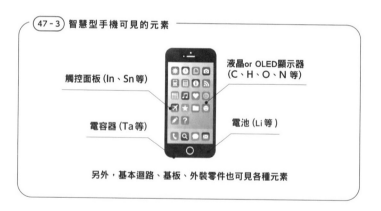

47-3 智慧型手機可見的元素

觸控面板 (In、Sn等)

液晶or OLED顯示器 (C、H、O、N等)

電容器 (Ta等)

電池 (Li等)

另外，基本迴路、基板、外裝零件也可見各種元素

[*4]：參照「46可以反覆充電的『鋰離子電池』」
[*5]：能儲存、釋放電力的電子零件。

48 藉由元素淨化車輛的排放廢氣

汽車是我們身邊非常熟悉的交通工具，更是生活中不可或缺的存在。汽車是以許多素材組裝製成，裡頭當然有著非常多元素。

■ 汽車三大材料

汽車是由二至三萬個零件組裝製成，雖然零件數量龐大，不過可以大致分成**鋼鐵**、**鋁合金**、**樹脂**，這幾類又被稱為汽車三大材料。

鋼鐵的主要成分是鐵 **Fe**，並夾帶著少量的碳 **C**[1]。為了讓鋼鐵具備更好的性能，有時還會混入鉻 **Cr**、鎳 **Ni**、鉬 **Mo** 等元素。鋼鐵會用於引擎、齒輪、車體等零件。

鋁合金如同其名，主要成分就是鋁 **Al**，車用零件則會混合銅 **Cu**、鎂 **Mg**、錳 **Mn** 製成「硬鋁」（或杜拉鋁，duralumin）合金，作為引擎與車體材料。

至於最後的樹脂，為汽車三大材料中唯一的非金屬材料，其實就是一般通稱的塑膠材料[2]。如同塑膠，樹脂的主要成分包含了碳、氫 **H**、氧 **O**，在汽車製造方面多半用於方向盤及座位等內裝零件上。

---

[1]：參照「21打造出現代富裕社會的鐵」
[2]：參照「35『塑膠』和『紙』其實是親戚？」

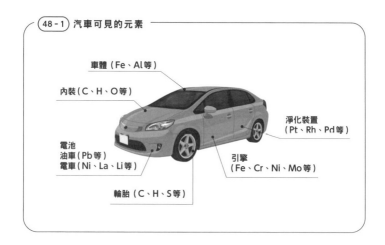

48-1 汽車可見的元素

車體（Fe、Al等）

內裝（C、H、O等）

淨化裝置
（Pt、Rh、Pd等）

電池
油車（Pb等）
電車（Ni、La、Li等）

引擎
（Fe、Cr、Ni、Mo等）

輪胎（C、H、S等）

■ 極力達成輕量化！

汽車會動，這很理所當然。製造會動的產品時有個關鍵，那就是愈輕愈好。車體愈輕，行駛時所需的能量就愈少，油耗也會愈低，相對更環保，同時降低發生意外時的危險性。

汽車三大材料的重量由重而輕依序為鋼鐵、鋁合金、樹脂。所以最理想的情況，會是盡可能地使用樹脂製作汽車零件。針對汽車車身這類替換可行性較高的零件，的確也逐漸從鋼鐵切換成鋁合金，接著再從鋁合金切換成樹脂。

不過，樹脂沒有像鋼鐵般的耐熱性和強度，所以想要把所有零件換成樹脂材質並非易事。

■輪胎的強韌來自硫

汽車輪胎是以橡膠製成，主要成分為碳、氫。

輪胎經常與路面碰撞，承受猛烈的摩擦力，只用單純橡膠的話，可是會變得殘破不堪。對此，必須在輪胎混入各種配方，其中最特別的就是硫 **S** 了。在輪胎裡加入硫後，橡膠分子間會形成一種由硫相連的「架橋」化學反應，提升輪胎的強度與彈性。

■電池的多樣化

不只是電動車或油電混合車，其實就連靠汽油驅動的一般汽車也需要發動引擎，所以同樣搭載了電池。

一般汽車會使用**鉛蓄電池**。這種電池的電極含有鉛 **Pb**、氧化鉛 $[PbO_2]$，電解液則使用了硫酸 $[H_2SO_4]$ [*3]。

電動車需要更大的電壓，所以會搭載許多電池，這也代表每顆電池必須夠輕巧。從以前就很常見的電池是**鎳氫蓄電池**（**Ni**、**La**、**H**等）[*4]。

近年開始出現搭載**鋰離子電池**（**Li**、**Co**、**C**等）的車輛[*5]。以日產電動車「LEAF」為例，車上搭載了192顆鋰離子電池，可提供約360伏特的電壓。

[*3]：實際上會將鉛蓄電池串接使用，讓電壓達12V。
[*4]：參照「53氫氣的有效貯存與運輸──鑭」
[*5]：參照「46可以反覆充電的『鋰離子電池』」

■可淨化車輛排放廢氣的元素們

淨化車輛排放的廢氣會使用到的元素有鉑 **Pt**、銠 **Rh**、鈀 **Pd**。汽車引擎排出的氣體夾雜著一氧化碳、氫氧化物等成分，對環境與人體會帶來直接危害，因此受法規限制。

至於是用什麼方法淨化？廢氣排出車輛前會經過一道濾網裝置，來淨化裡頭的一氧化碳和氮氧化物，濾網表面遍布了奈米等級的鉑、銠、鈀粒子，這些元素扮演著觸媒角色，將廢氣轉換成無害的氣體。此裝置名為「**三元觸媒轉換器**」，當廢氣接觸奈米粒子後，就會變成相對較無害的二氧化碳和氮氣，這麼一來排至車外也不會造成危害[6]。

我們能夠如此安全地使用車輛，都要多虧這些元素的幫忙呢。

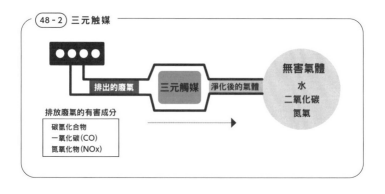

(48 - 2) 三元触媒

排出的廢氣　三元觸媒　淨化後的氣體

無害氣體
水
二氧化碳
氮氣

排放廢氣的有害成分

碳氫化合物
一氧化碳(CO)
氮氧化物(NOx)

---

*6：碳氫化合物會氧化成水和二氧化碳，一氧化碳會氧化成二氧化碳，氮氧化物則會還原成氮。

第 **8** 章

邁向新世代的
「先進科技」元素

49 如何定義「稀有金屬」?

> 稀有金屬如同其名,指的是為量稀少(rare)的金屬(metal),日本經濟產業省在1980年代根據「存量少」、「不易挖掘取得」等基準,認定目前有47種元素為稀有金屬。

■ 稀有金屬很重要!

日本將稀有金屬定義為**地球上存量稀少,或是基於技術、經濟因素不易取得的金屬中,目前或今後工業上有需求,以及未來技術革新後會衍生出新需求之金屬**。約90種天然存在的元素中,就有**47種被指定為稀有金屬**[1],所以將近一半的天然元素都是稀有金屬呢。

稀有金屬又可分成四類,即**鉑系元素、稀土元素、國家儲備稀有金屬**和**其他稀有金屬**。稀有金屬在最先進的工業技術之路扮演極重要的角色,更是日本製造產業不可缺的關鍵資源。

稀有金屬有幾個主要功能,包含了磁性、觸媒、增強工具儀器強度、發光以及具備半導體特性。手機、數位相機、電腦、電視、電池、各種電子儀器等非常多的設備,都會用到稀有金屬。對於目前的生活來說,有了稀有金屬,才能製造出讓你我生活更加富裕的設備機器呢。

---

[1]:每個研究學家的依據不同,對於稀有金屬的認定也不太一樣。有些學者就會把釔、鈮、鐵、鈦全納入稀有金屬。另外,47種稀有金屬中,也包含了像是硼B、碲Te這類非金屬元素。

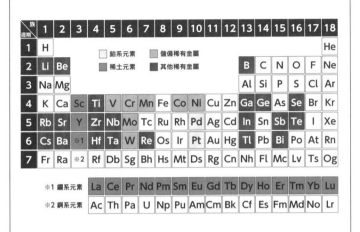

49-1　元素週期表與稀有金屬

族／週期	1	2	3	4	5	6	7	8	9	10	11	12	13	14	15	16	17	18
1	H																	He
2	Li	Be											B	C	N	O	F	Ne
3	Na	Mg											Al	Si	P	S	Cl	Ar
4	K	Ca	Sc	Ti	V	Cr	Mn	Fe	Co	Ni	Cu	Zn	Ga	Ge	As	Se	Br	Kr
5	Rb	Sr	Y	Zr	Nb	Mo	Tc	Ru	Rh	Pd	Ag	Cd	In	Sn	Sb	Te	I	Xe
6	Cs	Ba	※1	Hf	Ta	W	Re	Os	Ir	Pt	Au	Hg	Tl	Pb	Bi	Po	At	Rn
7	Fr	Ra	※2	Rf	Db	Sg	Bh	Hs	Mt	Ds	Rg	Cn	Nh	Fl	Mc	Lv	Ts	Og

□ 鉑系元素　　■ 儲備稀有金屬
■ 稀土元素　　■ 其他稀有金屬

※1 鑭系元素	La	Ce	Pr	Nd	Pm	Sm	Eu	Gd	Tb	Dy	Ho	Er	Tm	Yb	Lu
※2 錒系元素	Ac	Th	Pa	U	Np	Pu	Am	Cm	Bk	Cf	Es	Fm	Md	No	Lr

其中也包含了蘊藏量雖然多，卻不易挖掘取出的金屬。
除了考量取得的難易度，還會評估今後是否有工業用需求。

49-2　稀有金屬特徵

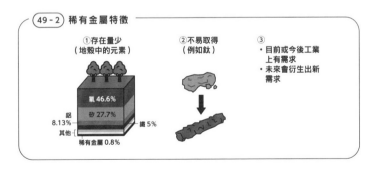

①存在量少
（地殼中的元素）

氧 46.6%
矽 27.7%
鋁 8.13%
鐵 5%
其他
稀有金屬 0.8%

②不易取得
（例如鈦）

③
・目前或今後工業上有需求
・未來會衍生出新需求

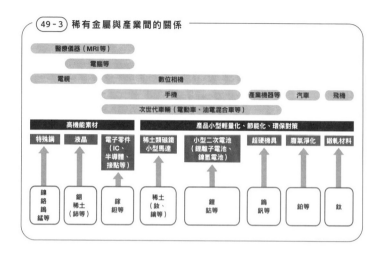

49-3 稀有金屬與產業間的關係

醫療儀器（MRI等）

電腦等

電視　　　　　　　　數位相機

　　　　　　　　　　手機　　　　　產業機器等　汽車　飛機

　　　　　次世代車輛（電動車、油電混合車等）

高機能素材			產品小型輕量化、節能化、環保對策				
特殊鋼	液晶	電子零件（IC、半導體、接點等）	稀土類磁鐵小型馬達	小型二次電池（鋰離子電池、鎳氫電池）	超硬機具	廢氣淨化	鍛軋材料
鎳鉻鎢錳等	鉬稀土（鈰等）	鎵等	稀土（釹、鎵等）	鋰鈷等	鎢釩等	鉑等	鈦

■ 稀有金屬生產國

　　稀有金屬的主要生產國為中國、俄羅斯、北美、南美、澳洲、南非等幾個特定國家。日本並非稀有金屬的生產大國。

　　以蘊藏量來說，**中國**境內的鉬 **Mo**、鎢 **W**、銻 **Sb** 居世界之冠。俄羅斯的釩 **V** 為世界第一，鎳 **Ni** 也排名世界第二。北美的鎵 **Ga**、碲 **Te** 為世界第一，南美智利的鋰 **Li** 居世界首位，巴西則擁有全球最多的鈮 **Nb** 和鉭 **Ta**。澳洲的鈦 **Ti** 及鎳蘊藏量排名世界第一。鉑系元素中，**南非**擁有的鉻 **Cr** 名列冠軍，錳 **Mn** 蘊藏量為第二[2]。不過以實際產量來看，中國穩占冠軍寶座。

　　隨著生產國的政治情勢與出口方針的改變，今後稀有金屬可

---

[2]：2008年的排名。

(49 - 4) 日本的儲備稀有金屬

釩 V

鉻 Cr

錳 Mn

鈷 Co

鎳 Ni

鉬 Mo

鎢 W

能會不足，為了確保能穩定供應各種工業產品不可缺少的稀有金屬，日本自1983年起便根據金屬礦業資源機構法，針對7種稀有金屬預留一個月分的儲備量。

■ 稀有金屬所牽涉的國家策略

稀有金屬生產國藉由出口賺取外匯，以日本為首的稀有金屬消費國進口了這些金屬後，製成產品，再將產品出口賺取獲利。

不過，這樣的模式在近幾年出現變化。

以稀有金屬出口國的中國來說，目前中國將稀有金屬是定位成國家策略主軸，開始限制稀有金屬的出口。除了因為中國國內科技產業成長，伴隨稀有金屬需求量增加外，另一個可能因素為中國打算藉此哄抬稀有金屬的價值。中國的出口限制導致日本原料不足，更對生產帶來影響，所以日本不能完全仰賴中國，而是必須加大與他國的合作關係。

50 從「都市礦山」挖掘龐大的資源

> 都市裡大量的廢棄家電產品帶有極且有用的金屬資源,所以又被稱為「都市礦山」,目前更不斷推動這些金屬資源的回收再利用。

■ 元素並非取之不盡

我們身邊充斥著電子產品,無論是手機還是筆電,裡頭都使用了非常多地球上珍貴的素材。其實不只稀有金屬,其他仍有不少資源有限的元素。

這裡就以電子零件不可少的金 **Au** 為例,金是資源有限的元素,截至2019年底,人類挖掘的金礦總量約20萬噸,換算後相當於四座競技用游泳池*1。這代表著把全世界所有的金蒐集在一起的話,也只有這樣的分量。

一般來說,元素無法轉變成其他元素。再加上許多元素就像地球上數量有限的財產,如果不經思考地消費、廢棄,這些元素可能就此從我們的社會中消失。

■ 從「都市礦山」挖掘元素

了解箇中道理之後,當然就會思考該如何回收再利用。堆滿

---

*1:我們可以肯定地說,金是「有限的資源」,但並不屬於日本經濟產業省定義的「稀有金屬」。參照「18光芒閃閃動人的金和銀」。

廢棄舊型電子產品的垃圾山又會被稱作「都市礦山」，目前我們正嘗試從使用過的零件「翻挖」金屬資源*2。根據數據調查，光是日本可能就有6,800噸的金沉睡在這些廢棄零件中，所以「都市礦山」議題不容忽視。

■ 挖掘都市礦山能累積財富？

其實各位認真找的話，應該也能從家裡找到一些款式老舊，不再使用的智慧型手機或電腦。如果蒐集這類電子產品廢棄物取出裡頭的貴金屬，是否能累積財富呢？

以金為例，想要靠自己的力量從都市礦山挖金基本上有兩大方法。一是借用電氣化學之力的「電解法」，以及借藥物之力加工處理的「沉澱法」。

運用**電解法**需要知道帶點深度的化學知識，並購買價格約七～八萬日圓，具電解功能的設備儀器。**沉澱法**初期大約只需投資一萬日圓左右，作業本身也不難，但過程中對健康危害風險極高，更避免不了產生大量有害環境的廢液處理*3。

再者，一台電腦會用到的金量少之又少，想累積到能賺錢的分量，可是必須收集數十到數百台的廢棄電腦。所以，以現實面來說，想要靠自己的力量發掘都市礦山致富是不可能的。

---

*2：日本自2013年起便開始執行「小型家電回收法」，讓貴金屬的回收再利用變得更有效率。
*3：不過，初期投資的1萬日圓可不包含購買防護衣和廢液處理費用。

51 從戒指到抗癌藥物靶 —— 鉑

因為會用於配飾而經常出現在你我生活中的鉑（白金），也是在最先進科學現場扮演著重要角色的元素。無論是汽車排氣裝置、癌症治療，都能看到鉑的身影。

■ 因配飾材質而聞名

鉑 **Pt** 是相當有名的配飾材料，以鉑製成的戒指稱為「白金戒指」，所以鉑（鉑金）也常被叫作白金[*1]。

鉑是比金 **Au** 還要珍貴的金屬。金的年產量如果是 2,500 噸，那麼鉑只有 200 噸，當然適合作為高價的裝飾品，更是名符其實的貴重品。

日本以前也挖得到鉑[*2]，有段時間產量甚至足以出口海外。可是日本現在已經不出口鉑，**目前全球七成的鉑都來自於南非共和國**。

■ 非常適合做成觸媒的元素

鉑的用途不只侷限在配飾，還能作為化學工廠或研究所使用的「**觸媒**」。鉑總產量的三成被作成配飾，但另外的四成可是應用在觸媒上。

---

*1：另外，還有一樣會作為配飾的「白K金」則是金、鎳、鈀的合金，跟鉑不同。
*2：北海道北部尖端處（宗谷岬）綿延到南邊尖端處（襟裳岬）的連山山谷間能挖到鉑沙。

你我身邊最常見的鉑觸媒會是用來淨化汽車排放廢氣的「**三元觸媒**」，裡頭使用了鉑、銠 **Rh**、鈀 **Pd** 三種元素[*3]。

另外，石油精煉製程或合成肥皂原料的硝酸 [HNO₃] 也都會用到鉑。

■ 服用鉑可以抗癌？

目前更有以鉑製成的**抗癌藥物**，這種物質名叫順鉑（Cisplatin），日本早在1985年便核准使用[*4]。透過點滴靜脈注射順鉑，將能阻止癌細胞的細胞分裂。不過，順鉑也會阻礙正常細胞的分裂，會對腎臟造成負擔，出現噁心、嘔吐等副作用。

於是，人們將順鉑加以改良，開發出減緩腎臟負擔的抗癌藥物卡鉑（Carboplatin）[*5]。卡鉑和順鉑一樣都含有鉑，日本在1990年核准使用。

(51-1) **鉑的各種應用**

白金戒指　　　　　排氣淨化觸媒　　　　抗癌藥物

[*3]：參照「48 藉由元素淨化車輛的排放廢氣」
[*4]：化學式 [Cl₂H₆N₂Pt]，產品名稱為「Briplatin」或「Randa」。
[*5]：化學式 [C₆H₁₂N₂O₄Pt]，產品名稱為「Paraplatin」。

52 火箭和核子武器都少不了 —— 鈹

在學校學元素週期表的時候，應該都有背過「鋰鈹硼碳氮氧氟氖」的口訣。裡頭的鈹是存在感很低的元素。這個元素究竟被應用在哪些地方呢？

■ 大體上是個資優生！

鈹 **Be** 的表面會形成一層堅韌的氧化薄膜，是在空氣中狀態穩定的金屬。

鈹另一個特質是非常輕，密度只有鋁 **Al** 的三分之二。熔點比鋁高了 600℃ 左右，耐熱性毋庸置疑。作為合金材料的表現更是優異，與銅 **Cu** 的「鈹銅合金」非常耐腐蝕、強度佳[*1]。

■ 然而卻也有致命缺點

不過，具備諸多優點的鈹卻很難應用在日常生活中，因為鈹的粉塵毒性極高。

早在 1940～1950 年，負責加工製造鈹合金的工廠員工陸續出現呼吸困難、食慾不振、長肉瘤等症狀，才發現是罹患「**鈹病**」。目前已經能透過防塵來徹底避免染上鈹病，但鈹仍是無法使用在日常生活中的材料。

---

*1：蘇聯（今俄羅斯）甚至有齣戲在歌頌鈹合金的美好，名叫《神奇的合金》（俄文原文：Чудесный сплав，為浪漫喜劇），此戲出自弗拉基米爾・基松（Vladimir Kirshon）之手，日本在 1937 年曾出版杉本良吉所翻譯的日文版。

▌鈹還是發揮很大的作用

鈹很危險，但仍被應用在一些人們不太靠近的環境，或是即便知道鈹有缺點，卻還是有使用價值的地點。

像是銅鈹就可見於**戰鬥機的電力系統**或**雷達零件**中＊2。

氧化鈹具備極佳的耐火性，因此被用來作為**核反應爐的材料**或用在**火箭引擎的燃燒室內**。

鈹對X光具有很好的穿透性，且在大氣中相當穩定，所以會作為X光儀器中，用來探測X光的視窗材質。雖然說是「視窗」，但我們其實看不見內部。換句話說，可見光無法通過鈹，可是鈹卻具備優於任何材質的X光穿透性，真的是很奇特的視窗呢。

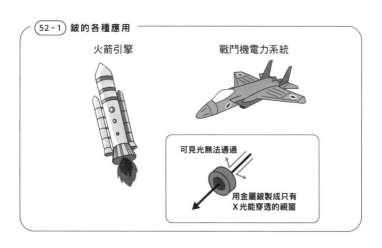

(52-1) **鈹的各種應用**

火箭引擎　　　　　　戰鬥機電力系統

可見光無法通過

用金屬鈹製成只有
X光能穿透的視窗

＊2：戰鬥機屬國防主要裝備，所以許多國家都認定鈹是必須握有的稀有金屬。

53 氫氣的有效貯存與運輸 —— 鑭

> 看元素週期表的時候，會發現主要元素最下面還附帶2列元素，
> 上面那列稱為「鑭系元素」，鑭就排在第一個。

■ 鎳氫電池的重要材料

鑭 **La** 最重要的用途是作為**鎳氫電池的電極**，應用形態多半是
鑭、鎳 **Ni** 合金 [LaNi$_5$]。光聽鎳氫電池的話，很難想像裡頭竟然
會用到鑭，不過，一輛搭載鎳氫電池的油電混合車可需要用到
5～10公克的鑭，所以鑭是非常重要的材料。然而，隨著近年
鋰離子電池的普及，今後鑭的重要性可能會逐漸式微。

順帶一提，Panasonic推出的充電式乾電池「eneloop」也是
鎳氫電池，電極同樣使用了鑭。

■ 拋棄式打火機正是靠鑭點火

以鑭、鈰 **Ce** 為主要成分的合金「混合稀土」(Mischmetal) 添加
鐵 **Fe** 元素後，就能製成發火合金 (pyrophoric alloy)。這種合金有
個特性，那就是只要有些許碰撞便會產生火花，所以常被作為
拋棄式打火機的點火機構。

▌鑭合金能夠貯存氫氣

鑭合金本身還具備將氫氣貯存於內部的特性。氫氣分子（H_2）很小，能滲入金屬中。這也是鎳氫電池搭配鑭合金的原因。

鎳氫電池之所以會有「氫」這個字，是因為它利用氫氣來充放電。不過氫氣容易引燃爆炸，無法單獨使用，所以**鎳氫電池會將氫氣滲入鑭合金裡頭，以確保電池本身處於穩定不會爆炸的狀態。**

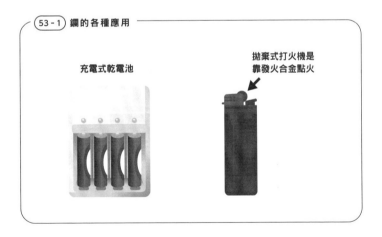

(53 - 1) **鑭的各種應用**

充電式乾電池

拋棄式打火機是靠發火合金點火

54 超強力磁鐵的配方 —— 釹 & 鈮

釹、鈮都是和磁鐵範疇極為相關的元素。就讓我們來了解一下它們和一般磁鐵（永久磁鐵）有何不同，以及這兩種元素的應用方式吧。

■ 你我熟悉的世界最強永久磁鐵 —— 釹

我們平常所說的磁鐵是指**永久磁鐵**，只要正常使用，磁性會永不消失。

應該不少家庭都會用磁鐵將便條紙吸在冰箱上，這類用途的磁鐵又名為「**鐵氧體磁鐵**」（Ferrite magnet），主要成分是鐵 **Fe** 的氧化物。鐵氧體磁鐵的磁力雖然沒有非常強，卻擁有價格較為低廉的優點。

世界上磁力最強的磁鐵是**釹磁鐵**，以釹 **Nd**、硼 **B**、鐵三種元素製成[1]。釹磁鐵會使用在需要超強磁力的產品上，例如馬達、耳機等零件。另外，在醫療現場用來取得身體影像截面圖的 MRI[2] 也是使用釹磁鐵。

■ 比釹更厲害的超導磁鐵 —— 鈮

電線捲繞後就是「線圈」，電流流過時會產生磁場，那麼線圈

---

*1：日本研究學家佐川真人於 1984 年發明了釹磁鐵。現在的釹磁鐵很便宜，就連日本百元商店也買得到，不過因為磁力真的很強，要小心手指別被夾傷。

*2：MRI 是磁振造影（Magnetic Resonance Imaging）的簡稱，是利用核磁共振原理進行影像診斷的裝置，藉由磁力拍攝出體內的臟器和血管。

也能變得跟磁鐵一樣，我們稱為**電磁鐵**。電磁鐵跟永久磁鐵的差異，在於電磁鐵只有在電能流經線圈時才稱得上是磁鐵。電流愈大，磁力愈強，所以根據提供的電流條件，甚至能做出磁力大於永久磁鐵的強力磁鐵。

以鈮 **Nb**、鈦 **Ti** 合金製造電線的話，就能製造出超越釹磁鐵的強大電磁鐵。只要是金屬的話，多少都會存在些許電阻。不過，利用液態氦將鈮合金溫度冷卻至－263℃的話，就能進入電阻為零的「**超導體**」狀態。少了電阻，電流傳送將不會有損耗，那麼大電流就能通過電線，形成極為強大的電磁鐵*3

54-1　永久磁鐵、電磁鐵、超導磁鐵

	永久磁鐵	電磁鐵	超導磁鐵
範例	（常溫）	（常溫）	（極低溫）
有無磁性	能隨時處於有磁力的磁鐵狀態	電流通過會變成磁鐵 電流愈大，磁性愈強	
磁性強度	不同溫度下會有固定的磁性強度 釹磁鐵的磁力最強	流過的電流有限，所以磁性也有極限	能流過大電流，獲得強大磁性

---

*3：使用鈮合金的超導磁鐵也可見於 MRI 設備。目前日本更利用超導磁鐵的磁力，開發超導磁浮列車。

55 讓影像播放不留殘影 —— 銦

各位或許對銦比較陌生，這個元素多半會用在電視、智慧型手機顯示器中。當今現代人的生活幾乎少不了銦所帶來的恩惠。

■ 使得各種影像播放得以實現

銦 **In** 這個元素，經常使用在電視、智慧型手機等液晶顯示器或觸控面板中。

氧化銦錫（ITO，Indium Tin Oxide）是一種白色、粉狀的陶瓷材料，加壓固化後就能變成透明薄膜。將這些薄膜重疊在顯示器上，就能以控制液晶的方式製成液晶顯示器，或是檢測生物電性，製成觸控面板*1。

■ 透明又導電

ITO 這類材料又名叫「**透明導電膜**」，以薄膜製成的電極則稱為「**透明電極**」。ITO 為什麼不同於以往的素材，是因為它同時具備重疊於上方也能看見顯示器的「**透明**」特性，以及能傳輸電氣訊號於迴路的「**導電**」特性。

我們自古就知道透明但無法導電的「玻璃」，以及雖然能導電

＊1：參照「47 液晶和 OLED 面板的元素」

	燒製物	金屬製品	玻璃製品	透明導電膜
範例				
人類何時開始利用	西元前2萬年左右	西元前9000年左右	西元前3000年左右	1950年左右
透光	×	×	○	○
導電	×	○	×	○

卻非透明的「金屬」材料，直到邁入近代，才發現竟然有材料同時具備這兩種特性。

■ ITO的缺點

銦是稀有元素，總有一天可能會枯竭，所以近年人們持續研究無銦的透明電極。

ITO是陶瓷，跟瓷碗一樣，質地硬卻又很脆弱，再加上無法隨意彎折，所以很難應用在「折疊式顯示器」。目前我們正在研究幾個替代材料，來彌補ITO這個缺點*2。

＊2：像是主要成分為碳C、氫H的導電塑膠就不必擔心枯竭用盡，還能彎折。參照「35『塑膠』和『紙』其實是親戚？」。

56 衍生出各類鋼鐵的五大元素

我們生活周遭相當常見以鐵為主要成分的素材「鋼」。鋼究竟是哪種鐵呢？還有「特殊鋼」又是什麼鋼呢？

■ 碳能夠轉鐵成「鋼」

鋼，是將鐵 Fe 混合微量碳 C 的**鐵碳合金**，因此一般又稱為「碳鋼」。

日本過去會將純度達基準值以上的鋼稱作鐵（純鐵），混有一定程度碳含量的則稱作鋼，以此作區分。但是製鐵過程一定都會混入碳，所以有時會直接稱鋼為「鐵」，兩者則都能稱作「鐵鋼」（※譯註：包含了鐵或以鐵製成的合金總稱）。

鋼能如此強韌，祕訣在於**添加微量的碳**。不含雜質、高純度（99.9999％）的鐵強度只有鋼的十分之一[1]。不過，如果添加太多碳（超過2％），鋼反而會變成雪明碳鐵（Iron carbide，或稱滲碳鐵）[Fe_3C]，這種物質的特性就像陶瓷材料一樣，非常堅硬卻也容易碎裂。

如果要做出硬度、強度適中，符合需求的鋼，碳含量就不能太多也不能太少，適量就好。

---

[1]：換個角度來看，也代表鐵的延展性佳，不易生鏽，但因為強度表現差，很難多元應用。

■ 鐵鋼的五大元素

製造碳鋼時會特別注意到「**鐵鋼五大元素**」，分別是碳、矽Si、錳Mn、磷P、硫S這五種（鐵是必需元素，這裡就不會特別提到）。

這些元素中，**碳、矽、錳能提升鋼性，磷和硫卻是會讓鋼變脆弱的元素**。就算這五種元素的含量只有些微差異，仍會影響鋼的特性表現。

即便不刻意添加，基本上鐵鋼也都會混有這五大元素。我們還能微量添加其他元素，製造出性能表現更優異的特殊鋼。

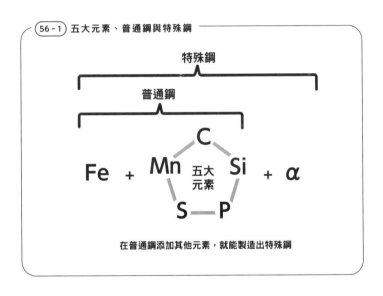

56-1 五大元素、普通鋼與特殊鋼

特殊鋼

普通鋼

Fe + Mn **五大元素** Si + α

C

S — P

在普通鋼添加其他元素，就能製造出特殊鋼

■ 在鋼裡添加元素

接著讓我們來看看添加了各種不同元素的特殊鋼。

碳鋼添加了1％左右的鉻 **Cr** 就會是「**鉻鋼**」，相當耐磨損且耐腐蝕。將鉻的含量提高至10％，就能製成非常難生鏽的鋼，也就是我們熟悉的「**不鏽鋼**」[*2]。不鏽鋼除了添加10％的鉻，有些還會加入鎳 **Ni**。鎳能提升鋼的加工性、強度及耐熱性。

加入鉬 **Mo** 的話，將能打造出高強度合金；鋼添加了鉻、鉬之後就是「**鉻鉬鋼**」，這種鋼不僅具備高強度，還非常容易焊接，所以常見被運用在自行車架、零件及飛機材料。對拉伸強度有疑慮的話，還可添加鎳，製成「**鎳鉻鉬鋼**」。

另外，加入錳元素的「**錳鋼**」具備極佳的拉伸強度和韌性，適合作為鐵履帶環、土木工程用機具材料。

方才有提到「硫會讓鋼變脆弱」，但這也代表如果要製作「容易切削加工的鋼材」，就可以選擇添加硫，這類鋼又稱作「**快削鋼**」。有時為了製作其他更特殊的機具或零件，還會使用鎢 **W**、鈷 **Co**、釩 **V** 等金屬混成合金材料。加入釩的特殊鋼名為「**釩鋼**」，不僅硬度高，還具備極佳的耐水性。

■「金の王なる哉！」

鐵鋼是種添加了不同的元素後就能千變萬化的材料，而且能

[*2]：不鏽鋼的 stainless 意指「不會生鏽、沒有髒污」。

添加的元素類型非常多樣。

日文漢字「鉄」的舊體字就是我們中文繁體字的「鐵」。日本知名鐵鋼學者本多光太郎[3]因為日文舊體字的「鐵」以及鐵本身的厲害表現，給了「金の王なる哉」評語（※譯註：鐵這個字可拆解成金、王、哉三個部分，所以讚嘆鐵是金之王者）。

鐵與各種元素組合後就能變成優異的材料，金屬材料之王的稱號的確名符其實呢。

(56-2) **特殊鋼種類**

名稱	添加元素	用途
鉻鋼	Cr	汽車零件
不鏽鋼	Cr,Ni	盥洗盆、鐵路車輛
鉻鉬鋼	Cr,Mo	自行車零件、飛機零件
鎳鉻鉬鋼	Ni,Cr,Mo	自行車車架、引擎
錳鋼	Mn	鐵履帶環、土木工程用機具
錳鉻鋼	Mn,Cr	機械零件、鐵路車輛、汽車彈簧
快削鋼	S	汽車零件、OA事務機零件、鐘錶零件
鎢鋼	W	工具機、金屬加工機具
鉻釩鋼	Cr,V	工具機、金屬加工用機具
麻時效鋼	Ni,Co,Mo	飛彈零件、遠心分離機

---

[3]：本多光太郎（1870～1954年）是全世界鐵鋼及磁鐵研究的先驅者。他發明的「KS鋼」鐵製永久磁鐵性能遠優於既有的磁鐵，令世界為之驚豔。

57 核反應爐的燃料與控制棒元素

2011年3月11日本發生東日本大震災以來，各界開始對核能發電更加關注。這裡就讓我們從元素的觀點，來了解一下核能發電關鍵的核反應爐吧。

■ 說到底，核反應爐究竟是什麼？

核能發電是以放射性原子為燃料，當這些原子核分裂時會釋放熱能，接著就能用這些熱能加熱水。水加熱沸騰會變成水蒸氣，讓汽輪機的扇葉轉動並產生電力[1]。

核反應爐是指放射性原子核分裂的過程，也就是產生熱能，讓水沸騰的環節，而這裡的關鍵在於究竟如何生熱，以及如何控制熱。

■ 燃料是鈾

引起核分裂並產生熱能的燃料是鈾 U 和鈽 Pu。

一般認為，一個中子會去碰撞一個鈾原子，鈾原子吸收中子後會變得不穩定，立刻出現崩解，也就是核分裂。鈾原子會一分為五，分別是一個氪 Kr 原子、一個鋇 Ba 原子和三個中子，同時釋放大量熱能。核能就是利用這些熱能使水滾沸，轉動汽輪

---

[1]：這個方法與「用電力轉動風扇」的原理相互顛倒。

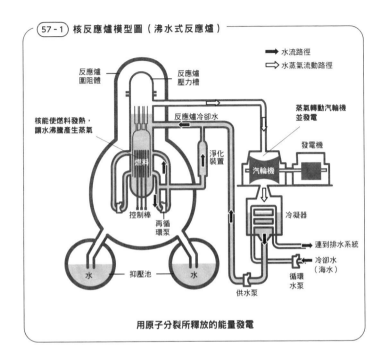

➡️ 水流路徑

⇨ 水蒸氣流動路徑

反應爐圍阻體

反應爐壓力槽

蒸氣轉動汽輪機並發電

核能使燃料發熱，讓水沸騰產生蒸氣

反應爐冷卻水

淨化裝置

發電機

燃料

汽輪機

冷凝器

控制棒

再循環泵

連到排水系統

冷卻水（海水）

水

抑壓池

水

供水泵

循環水泵

用原子分裂所釋放的能量發電

機來發電。

　這時產生的三個中子會與其他鈾原子碰撞，進入下一次的核分裂。中子有三個，所以會使三個鈾原子核分裂。那麼這三個鈾原子會產生總計九個中子，繼續讓九個鈾原子核分裂……。如此形成一連串的連鎖效應，急速產生熱能。

　核彈的原理，就是任由核分裂急速發生連鎖反應，完全不加

控制；反觀核能發電，核反應爐會減少中子量，並嚴謹控制核分裂的速度。

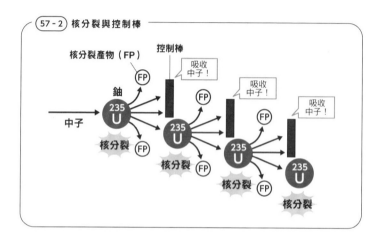

57 - 2 核分裂與控制棒

■ 吸收並減少中子數的控制棒

過程中我們會使用名為**控制棒**的工具來減少中子數。控制棒的材料能吸收中子，減少核反應爐內的中子數，控制核分裂速度。能作為控制棒的材料不多，一般會使用鉿 **Hf**、鎘 **Cd**、硼 **B** 元素。

福島第一核電廠發生事故後，相關單位採取了注入硼酸水的

措施，讓燃料周圍充滿硼，而這個動作的用意，在於就算真的產生中子，也能避免原子再次核分裂。

■ 其他的核反應爐零件

這裡再介紹三種製造核反應爐時會用到的材料。

燃料護套：用來包覆鈾等核燃料的保護套，會使用鋯 **Zr**、鋁 **Al** 等元素合金*2。

緩 和 劑：鈾原子釋出中子後，中子的活動速度偏快且劇烈，這時必須讓中子降至適當速度，才能引發下一次核分裂。這裡會以水作為緩和劑。

屏蔽材料：避免中子或放射線從核反應爐外洩的屏蔽牆，依照放射線的種類，會搭配鉛 **Pb**、硼 **B**、重混凝土等材質。

■ 日本核能發電的現況

自從福島第一核電廠事故以來，世界各地的人們再次認知到核能發電的危險性，重新審視國內核電運作狀況。

根據 2020 年 9 月 23 日產業經濟省公布的資料，在日本 60 座核反應爐中，已決定廢爐的有 24 座，目前仍在運作的僅剩 3 座。

---

*2：鋯基本上不會吸收中子，所以能作為護套材料使用，但會和高溫水蒸氣起反應，產生氫氣。福島第一核電廠就是因為核反應爐的冷卻功能故障，導致爐內水蒸氣溫度飆高，大量氫氣外洩導致爆炸。

58 人類自古利用的元素及其未來

本書最後就以碳這個元素來結尾。碳是人類自古就很熟悉的元素之一，它構成了生物的形體，同時也被運用在最先進的技術中。

■ 富勒烯 —— 由碳組成的足球

本節介紹的全都是碳 **C** 的同位素[*1]。

由 60～90 個碳原子結合成的圓形分子又可稱為「**富勒烯**」，其中最有名的 C_{60} 由 60 個碳原子組成，這種分子的形狀跟足球一樣，都是由正六邊形和正五邊形接合成的球形。

當初是在調查宇宙星雲放射出的光線時，發現了富勒烯的存在[*2]。

富勒烯是很獨特的分子，因為材料就是碳，所以能夠低價大量合成用來提升塑膠強度，甚至應用在化妝品中。

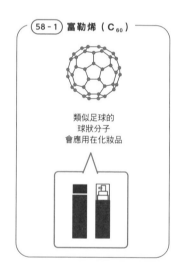

(58-1) **富勒烯（ C_{60} ）**

類似足球的球狀分子會應用在化妝品

＊1：關於同位素，請參照「04 元素與化合物大不相同」。

＊2：在地球上合成出此分子的化學家們於 1996 年榮獲諾貝爾化學獎。

＊3：如果地上鋪了大量彈珠，就會很難順利走路，因為摩擦力變小的關係，富勒烯的結構也類似這樣的概念，所以也會被用來作為潤滑劑。

富勒烯是個結構非常漂亮的球形，這個特性也被應用在潤滑劑上[3]。富勒烯還有個很有趣的特性，那就是內部中空，所以裡頭能填充其他物質。近年更有研究是將MRI檢查所使用的含釓 **Gd** 顯影劑包覆在富勒烯 $[C_{82}]$ 內，以提高安全性。

■ 奈米碳管——碳纖維

大量碳原子連結成的管狀結構分子又稱作「奈米碳管」。當初是化學家飯島澄男[4]合成完富勒烯後，無意間在已無用途的電極中發現了奈米碳管。

奈米碳管如同其名的「管」字，所以能像富勒烯一樣，填充入其他物質。管內繼續填充碳奈米管的話會變成多壁碳奈米管（Multiwalled Carbon Nanotube，MWCNT），將數層多壁碳奈米管不斷重疊加粗後，就會變成「**碳纖維**」。

碳纖維混入其他物質不僅能提升其強度、耐腐蝕性，更有助輕量化。波音787客機就使用了碳纖維複合材料，使機體變得更輕，油耗表現更佳[5]。

■ 石墨烯——今後的關注焦點

以化學角度來看鉛筆筆芯時，會發現筆芯的結構是由碳原子連成六邊形薄片後，許多薄片重疊而成，這種結構名叫「**石**

---

[4]：1939年出生的化學家、物理學家，也是諾貝爾獎呼聲極高的人選。
[5]：因為重量變輕的關係，客機內就能搭載其他提升舒適性的設備，所以碳纖維對於搭乘飛機的舒適性帶來極大貢獻。

墨」。將這一層層結構剝開後就是「**石墨烯**」*6。石墨烯目前尚未普及，卻已是最受關注的碳材料之一。因為石墨烯具備幾個重要特性，分別是質地堅固、**可導電且極為輕薄**。這都意味著石墨烯極有可能化身夢幻材質，製成「厚度幾乎為零，可彎折的觸控面板」。

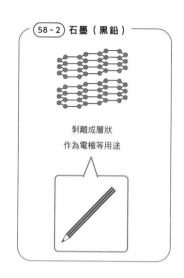

58-2 石墨（黑鉛）

剝離成層狀
作為電極等用途

■ 化學讓世界變得更有趣

古人知道碳的存在已久，經年累月來到今日，這個不曾改變過的元素不僅對醫學帶來貢獻、豐富了人們的天際之旅，更被應用在觸控螢幕這夢幻材料的研究上。相信任誰都不曾想過，碳竟然能打造出我們的世界。我們透過各種角度察覺到元素的可能性，化學則能將腦海中浮現的各種想像化為有形，讓世界變得如此有趣。

---

*6：發現並深入研究石墨烯的科學家們於 2010 年獲頒諾貝爾物理學獎。

尾聲

本書的最後，再重新和各位自我介紹一下。

我是元素学たん（@gensogaku），主要透過Twitter向大家分享元素和化學的有趣之處，所以各位可以放心，我不是什麼怪人。

我開始以「元素学たん」之名在Twitter活動，大約是2013年3月的事。當時Twitter很多帳號會使用吉祥物般的頭像，卻是探討艱澀的學術內容，通稱為「学術たん」；我也是在這樣的熱潮下，開創帳號並分享元素的有趣，之後便持續在Twitter上聊有關元素和化學的話題。各位或許會想說，這麼多年都在講元素，難道不膩嗎？我必須說，還真的不會膩呢！

對各位而言，「元素」是怎樣的存在呢？有些人可能很討厭化學元素，但必須應付考試，不得不硬背下來，所以元素是學生時代的痛苦回憶。對大多數人來說，「元素」應該就只是學校學習的一部分吧。

但是，對我來說，元素既是能縱觀世界的「立足點」，也是與世界相連的「大門」。

元素與週期表能夠帶領我們穿梭古今各種世界，宇宙的誕

生、星群內部、天際海洋與大地、古希臘哲人手中萌芽的科學技術、生活在現代的你、你的身體以及眼球所見的墨水、紙張（或是電子裝置？）、目光所及之處絕對可見的塑膠、金屬、陶瓷、十五年前還不存在的智慧型手機，以及目前雖然尚未普及，但能開創未來的最先進科技材料。我們能從「元素」這個立足點，縱觀廣闊的世界。其實，學校課程終究有其侷限，然而，你我所在的這個廣大「世界」，都和元素、週期表息息相關。怎麼可能有這麼有趣的事？（是吧！）

　　本書試著以「元素」為出發點，帶領各位前往不同世界。然而，身為作者並沒打算要求讀者學會解釋所有元素，或是把書中內容全部背起來（就連我也沒全背起來……欸嘿！）。本書的初衷，是希望透過元素，帶領各位前往不曾經歷過的世界，即便只有一個。

　　學習的感覺就有如旅行。我相信應該沒有人會把旅行中發生的所有事情全記下來吧？但只要當中有一兩個愉快的經驗，這趟旅程就將成為很棒的回憶，甚至會興起邁入下一趟旅程的念頭。希望本書能扮演這樣的角色，吸引各位投入下一本書籍。

　　最後，我要感謝在諸多人士的大力協助下，才有辦法寫出這本元素書籍。

首先，要萬分感謝左卷健男老師。我對於撰寫一般書籍沒有任何經驗，但老師不僅願意邀稿，更在執筆上給予諸多指導，實在非常感謝。

　　也要謝謝每天與我互相精進的「学術たん」成員們，以及可自由切磋的文化風氣；少了與各位的經驗累積，就無法造就今日的我。

　　另外，如果少了明日香出版社編輯部田中裕也先生的鼓勵與編輯作業，這本書也無法問世，所以更要特別致謝。

　　最後，還要感謝和我一同享受元素樂趣的Twitter、週期元素表同好會、YouTube的觀眾，以及本書的讀者群。

　　非常感謝。

2021年4月　元素学たん

參考文獻

- 左巻健男『絶対面白い化学入門　世界史は化学でできている』ダイヤモンド社、2021 年
- 左巻健男 編著『図解 身近にあふれる「科学」が 3 時間でわかる本』明日香出版社、2017 年
- 左巻健男『面白くて眠れなくなる元素』PHP 研究所、2016 年
- 左巻健男 編著『あの元素は何の役に立っているのか？』宝島社、2013 年
- 左巻健男 編著『ものづくりの化学が一番わかる －身近な工業製品から化学がわかる－』技術評論社、2013 年
- 左巻健男（編集長）「理科の探検（RikaTan）」誌 2012 年夏号（通巻 1 号）
- 左巻健男、田中陵二 共著『よくわかる元素図鑑』PHP 研究所、2012 年
- 左巻健男 監修『元素百科』グラフィック社、2011 年
- 桜井弘 編集『元素 118 の新知識』講談社、2017 年
- Sam Kean 著、松井信彦 譯『スプーンと元素周期表』早川書房、2015 年
- Veronese Keith 著、渡辺正 譯『レア RARE 希少金属の知っておきたい 16 話』化学同人、2016 年
- Benjamin McFarland 著、渡辺正 譯『星屑から生まれた世界』化学同人、2017 年
- 中井泉『元素図鑑』ベストセラーズ、2013 年
- 日本化学会 編集『元素の事典』みみずく舎、2009 年
- 山本喜一 監修『最新図解　元素のすべてがわかる本』ナツメ社、2011 年
- John Emsley 著、渡辺正 譯、久村典子 譯『毒性元素』丸善、2008 年
- John Emsley 著、山崎昶 譯『殺人分子の事件簿』化学同人、2010 年
- 鈴木勉 監修『大人のための図鑑　毒と薬』新星出版社、2015 年
- 作花済夫『トコトンやさしいガラスの本』日刊工業新聞社、2004 年
- 井沢省吾『トコトンやさしい自動車の化学の本』日刊工業新聞社、2015 年
- 森竜雄『トコトンやさしい有機 EL の本（第2版）』日刊工業新聞社、2015 年
- 鈴木八十二、新居崎信也『トコトンやさしい液晶の本（第2版）』日刊工業新聞社、2016 年
- 日原政彦、鈴木裕『機械構造用鋼・工具鋼大全』日刊工業新聞社、2017 年
- 黒川高明『ガラスの文明史』春風社、2009 年
- 結晶美術館『色材の博物誌と化学』2019 年
- 高分子学会 編集『ディスプレイ用材料』共立出版、2012 年
- 田中和明『図解入門 最新 金属の基本がわかる事典』秀和システム、2015 年
- 顔料技術研究会 編集『色と顔料の世界』三共出版、2017 年

- 齋藤理一郎『フラーレン・ナノチューブ・グラフェンの科学』共立出版、2015 年
- Stephen J. Lippard、Jeremy M. Berg 著『生物無機化学』東京化学同人、1997 年
- 廣田襄『現代化学史』京都大学学術出版会、2013 年
- 石森富太郎 編集『原子炉工学講座 4 燃・材料』培風館、1972 年
- Vladimir M. Kirshon 著、杉本良吉 譯『すばらしい合金・風の街』改造社、1937 年
- 国立科学博物館『特別展 元素のふしぎ 公式ガイドブック』2012 年
- 国立天文台 編『理科年表 2020』丸善出版、2019 年
- 文部科学省「一家に 1 枚周期表 (第12版)」

■論文等
- 二宮修二『土器・陶磁器の語るもの－その化学』"化学と教育" 40 [1], 14-17, 1992
- 谷口康浩『極東における土器出現の年代と初期の用途』"名古屋大学加速器質量分析計業績報告書 (16)", 34-53, 2005-03
- 杉下朗夫『ビールの味』"マテリアルライフ" 7 [2], 45-48, 1995
- 山口晃『ガラスの着色について』"色材" 52 [11], 642-649, 1979
- 曽布川英夫、木村希夫、杉浦正治『自動車用触媒の構造と特性』"まてりあ" 35 [8], 881-885, 1996
- 高行男『自動車と材料 (第 3 報、材料技術)』中日本自動車短期大学論叢, 49, 2019
- 大田博樹『日本の農薬産業技術史 (1)～(7)』"植物防疫" 68 [8]-69 [4], 2014-2015
- Anthony T. Tu『化学兵器の毒作用と治療』"日救急医会誌" 8, 91-102, 1997
- 坂本峰至、安武章『魚介類とメチル水銀について』"モダンメディア" 57 [3], 86-91, 2011
- 寺西秀豊、西条旨子『タイのカドミウム汚染とイタイイタイ病』"社会医学研究" 30 [2], 55-61, 2013
- 畑明郎『イタイイタイ病の加害・被害・再生の社会史』"環境社会学研究" 6, 39-54, 2000
- 筧有子『絵画における天然染料の活用に関する研究 (1)』"美術教育学研究" 51, 121-128, 2019
- 高木悟『透明導電膜の現状と今後の課題』"真空" 50 [2], 105-110, 2007
- 原田幸明『都市鉱山の可能性と課題』"表面技術" 63 [10], 606-611, 2012
- 増田豊、小林正雄『高耐候性蓄光塗料「HOTARU」の開発』"塗料の研究" 138, 54-59, 2002

執筆篇章

左巻健男
第1章：01〜09　第2章：10〜16　第3章：17〜21　第4章：22
第5章：28〜31　第6章：36〜38,40　第7章：44〜46　第8章：49

元素学たん
第4章：23〜27　第5章：32〜35　第6章：39,41〜43　第7章：47〜48
第8章：50〜58

■作者簡歷

左卷健男

東京大學兼任講師，前法政大學生命科學部環境應用化學科教授，現任雜誌《理科探索》總編輯，專長為科普教育。1949年出生，自千葉大學教育學系理科專攻（物理化學研究室）畢業後，取得東京學藝大學教育學研究科理科教育碩士學位（研究領域為物理化學）。曾任中學理科教科書編輯委員。透過書籍和演講推廣科學有趣之處。主要著作有《世界史是化學寫成的》（究竟）、《跟著科學家一起認識建築世界的50個物理定律》（台灣東販）、《趣味物理研究所》（楓葉社）、《有趣到睡不著的地球科學》、《有趣到睡不著的自然科學》（快樂文化）、《圖解看不見的鄰居，微生物》（十力文化）等多本書籍。

元素学たん

於YouTube等社群媒體發表化學元素相關的影片及文章，Twitter帳號擁有2萬多的追蹤人數。2013年起加入「元素週期表同好會」，以京都為主要據點推廣化學啟蒙，擔任相關活動的工作人員或投入展演。曾獲選為國際化學元素週期表年（IYPT）2019專門部會的一員。

3小時「元素週期表」速成班！

出　　　版／楓書坊文化出版社
地　　　址／新北市板橋區信義路163巷3號10樓
郵 政 劃 撥／19907596　楓書坊文化出版社
網　　　址／www.maplebook.com.tw
電　　　話／02-2957-6096
傳　　　真／02-2957-6435
作　　　者／左卷健男、元素学たん
翻　　　譯／蔡婷朱
責 任 編 輯／江婉瑄
內 文 排 版／洪浩剛
港 澳 經 銷／泛華發行代理有限公司
定　　　價／380元
初 版 日 期／2022年8月

國家圖書館出版品預行編目資料

3小時「元素週期表」速成班！/ 左卷健男、元素学たん作；蔡婷朱翻譯. -- 初版. -- 新北市：楓書坊文化出版社, 2022.08　面；　公分

ISBN 978-986-377-792-2（平裝）

1. 元素　2. 元素週期表

348.21　　　　　　　　　　111008426